"十四五"时期国家重点出版物出版专项规划项目

• 6G前沿技术丛书

智能短距离终端直通通信技术

杨阳　何刚　何大中　黄靖斐　李伶劼 / 编著

北京理工大学出版社
BEIJING INSTITUTE OF TECHNOLOGY PRESS

图书在版编目（CIP）数据

智能短距离终端直通通信技术 / 杨阳等编著. -- 北京：北京理工大学出版社，2023. 10

ISBN 978-7-5763-2974-2

Ⅰ. ①智… Ⅱ. ①杨… Ⅲ. ①短距离-无线电通信 Ⅳ. ①TN92

中国国家版本馆 CIP 数据核字（2023）第 195358 号

责任编辑：封　雪　　　**文案编辑**：封　雪
责任校对：周瑞红　　　**责任印制**：李志强

出版发行 / 北京理工大学出版社有限责任公司
社　　址 / 北京市丰台区四合庄路 6 号
邮　　编 / 100070
电　　话 /（010）68944439（学术售后服务热线）
网　　址 / http://www.bitpress.com.cn

版 印 次 / 2023 年 10 月第 1 版第 1 次印刷
印　　刷 / 保定市中画美凯印刷有限公司
开　　本 / 710 mm×1000 mm　1/16
印　　张 / 10.75
字　　数 / 182 千字
定　　价 / 66.00 元

前　言
PREFACE

短距离终端直通（device - to - device，D2D）通信技术是当前5G技术乃至未来6G技术中的一项关键技术之一，通过将本地用户的设备进行两两互相连接，从而绕开传统中继、基站等设备的接续进行直通式通信，这样的方式将能够大大降低系统的传输时延和资源开销。D2D通信已经在当前无线通信系统中得到了广泛应用，已经成为全世界各个国家无线通信领域相互竞争的重要领域。

随着海量用户以及网络中数据爆发式的增长，传统的无线通信手段已经不能够适应日趋饱和的无线通信网络，因此学术界和工业界均在尝试使用新的技术来突破当前技术掣肘，其中，采用人工智能（artificial intelligence，AI）技术则是非常重要的一环，AI技术的使用，可以大大降低系统的复杂度并增强其环境适应性，因此，将AI引入D2D通信技术中，将能够顺应当前无线网络的发展和演进，进一步推动短距离通信技术的有效应用。

本书的具体结构如下：第1章介绍了D2D通信的分类以及引入AI的必要性，同时对D2D通信的关键技术和研究现状进行了介绍；第2章进一步介绍了D2D通信中的AI理论基础；第3章和第4章分别对D2D通信中涉及的物理层相关信息进行了说明，分别对信道状态信息反馈和智能波束选择两种技术进行了分析，阐述了使用AI中深度学习和机器学习的优势；第5章则分析了传统地面蜂窝系统与D2D混合的网络中的用户部署策略，提出了最大化平均总速率的D2D用户优化部署方案；第6章介绍了基于强化学习（deep reinforcement learning，DRL）的频谱接入机制，介绍了双深度Q网络在D2D频谱接入中的优势；第7章则进一步提出了一种基于区域划分的D2D频谱复用方案，并给出了相应的仿真结果；最后，第 8 章和第 9 章分别从经典的通信理论以及基于 AI 中的 DRL 技术来说明如何对 D2D 通信进行通信资源的分配以及功率控制，包括多频带的蜂窝与 D2D 频谱混用场景以及具有时延约束下的 D2D 资源分配场景。

本书从基础的 D2D 通信技术原理出发，通过介绍基本的 AI 理论，结合 D2D 通信中物理层以及网络层的全方位应用，并通过一系列理论推导和实验仿真，详细分析并验证了 AI 作为面向未来无线网络技术演进工具的优势，有望为未来 D2D 技术的进一步广泛应用提供有力的技术支撑。

目　录
CONTENTS

第1章

绪　　论

1.1　终端直通通信技术介绍

当今随着无线通信技术的不断发展，整个无线通信网络的性能、无线业务量以及用户体验都得到了巨大提升，但是随着用户对于更高速率和更好用户体验的需求的不断增长，传统的无线通信网络面临着巨大的挑战，因此，学术界、工业界都在不断进行研究，积极推进新的通信技术，用以增强现有的无线通信网络性能。

对于下一代无线蜂窝系统而言，融合新的技术可以使整个无线通信系统性能得到不断提升，以主流的5G蜂窝通信系统为例，通过引入毫米波技术、大规模天线技术以及小区技术等几大关键技术，5G不仅使数据传输速率在原有的4G系统上得到了进一步提升，同时也满足了多元化的多媒体业务需求，在蜂窝通信系统中，小区基站和蜂窝终端构成了整个网络的基本结构，能够提供较高速率的通信业务，同时也具有比较好的用户体验。然而，就目前5G无线通信系统而言，一方面，整个网络仍以小区基站为中心的模式进行部署，而无线业务大多以基站为中心进行集中管理，这样整个蜂窝网络整体架构是十分固定的，并且覆盖范围有限，造成实际系统通信吞吐在一定程度上受到了影响，与当前广泛存在的区域本地业务产生了矛盾，同时越来越多的诸如手机、智能穿戴、物联网终端等各类无线设备不断地接入现有的蜂窝通信系统中，给现有的网络带来了巨大的负担；另一方面，蜂窝系统也无法充分利用网络中广泛存在的用户资源，同时系统中处于任意位置的用户都需要通过基站进行数据交互，对于蜂窝无线业务量繁忙的地区，传统的做法是在原有的蜂窝网络基础上，通过增加基站数目并缩小单个小区的覆盖范围来满足用户的需求，但这无疑提高了整个网络的建设成本，同时过多的基站也会带来实际维护困难的问题。

为了解决上述问题，许多其他方式的无线通信手段被引入蜂窝通信系统当中作为补充。这其中包括开发非授权频段上的无线通信技术，或者在现有授权频段中引入认知无线电（cognitive radio，CR）技术等，前者利用了非授权频谱的开放性，终端之间可以通过非授权频段进行数据传输，从而降低终端对于授权频谱的使用，后者则是通过终端对当前授权频段进行感知，通过接入当前系统中的空闲频段或者在蜂窝通信空闲时间内进行机会式接入，从而提高频谱效率，但是这两种主要方案均存在缺陷：采用非授权频段进行通信，由于网络干扰环境复杂，终端之间的通信的可靠性难以保证，对于该频段内的无线资源管理难以进行。此外，由于频段较高，终端间信号传播距离非常有限，并且高频传输对终端的前端发射机与接收机也有一定要求。而采用认知无线电技术，虽然认知用户可以在蜂窝频段中进行通信，但是往往由于终端频谱感知的局限性，不能对整个网络情况进行有效感知，因此在一定程度上会对正常的蜂窝通信造成干扰。此外，由于认知无线电使用了授权频谱却不受控制，难以管理以及带来的计费困难问题也是运营商不愿意看到的。

在结合了非授权频段短距离无线通信技术和认知无线电等一系列技术的基础上，终端直通（device - to - device，D2D）技术应运而生。对于 D2D 技术而言，其最基本的通信方式就是通过两个移动通信终端间的一条直接链路进行通信。而 D2D 技术的特点在于一方面能够利用当前存在于系统中地理位置较近的用户，从而实现区域短距离通信；另一方面 D2D 通信也能够复用蜂窝系统频谱，并且可以在网络监控下进行通信，因此具有广泛的应用价值和商业价值。

在蜂窝通信网络中引入 D2D 通信技术能够带来诸多好处，具体有：

（1）系统可以利用存在于网络中的大量移动用户来实现 D2D 通信，从而获得频谱复用增益；

（2）一般情况下，由于 D2D 通信使终端间数据传输不需要经过基站传输，因此降低了基站的负担以及数据传输延迟；

（3）D2D 通信可以只复用上行或者下行资源，这样可以节约系统资源，提高频谱效率，而且由于距离短发射功率小，D2D 通信也降低了网络内部的干扰；

（4）区域性质的 D2D 通信可以更好地适应终端间互联网业务、本地无线业务等，同时也能够带来通信的灵活性；

（5）在蜂窝网络中引入 D2D 通信还能够增强系统的鲁棒性，例如当灾害发生导致蜂窝通信无法进行时，移动终端可以使用 D2D 方式进行紧急情况下的通信；

（6）引入 D2D 还能够在不增加蜂窝中继站的情况下扩大系统覆盖范围，降低网络部署成本等。

因此通过上述几点说明，可以看出在未来蜂窝系统中加入 D2D 通信技术还是很有必要的。

而从标准化组织、运营商、设备商等角度来看，作为 5G 的重要技术之一，D2D 早已作为 3GPP（3rd generation partnership project，第三代合作伙伴计划）中的近场通信（ProSe）技术展开了一系列的推进工作，从基本的标准协议来看，D2D 通信分为两大基本场景：公共安全场景与商业网络场景。在这两类场景中，D2D 通信则发挥至关重要的作用。另外值得注意的一点是，当 D2D 通信采用复用蜂窝系统资源方式进行通信时，从工程应用的角度而言，往往指的是 D2D 复用蜂窝上行链路资源，这是系统中上下行业务负载的不对称造成的，上行链路可以提供更多的响应时间供 D2D 进行通信，而从理论分析的角度而言，上下行皆可。

1.2 D2D 通信的分类及特点

蜂窝网络下的 D2D 通信技术一方面结合了类似 Ad - hoc 等网络的自组织特性，另一方面也借鉴了认知无线电的无线资源复用特性，同时也继承了蜂窝网络系统中基站监控和调度的特性，形成了具有独特通信手段和无线资源利用方式的通信技术，一个典型的蜂窝与 D2D 混合网络的基本结构如图 1 - 2 - 1 所示，在整个宏蜂窝网络部署下，存在有多种类型的无线通信终端，传统的蜂窝用户通过蜂窝通信的方式与基站进行交互，而 D2D 用户则通过利用系统中的频谱资源，实现终端之间或者小范围内的区域通信。在 D2D 通信过程中，D2D 用户对于系统中授权用户而言是完全透明的，换言之，在执行 D2D 通信时，系统中蜂窝通信能够正常进行。

在蜂窝与 D2D 混合网络中，可以按照不同的角度对 D2D 通信进行分类：

（1）从混合网络通信模式的角度而言，分为两种，即蜂窝模式和 D2D 模式，前者同传统的蜂窝通信方式没有本质区别，因此这里不再赘述，后者则又包含两种通信模式，一种是 D2D 终端间通过基站对通信数据进行转发，另一种则是 D2D 终端之间通过直接链路进行直通通信。以基站对 D2D 终端间数据进行转发的方式，与传统蜂窝通信方式的区别在于，基站仅负责 D2D 用户设备之间的数据传输，这种数据传输仅仅发生于基站和 D2D 用户层面上，而不会同核心网等高层发生信令或者数据交互。而 D2D 终端间进行直接通信时，无线终端之间直接进行数据传输并且不通过基站，而基站端则仅为 D2D 通信提供必要的信令和辅助信息，并且对 D2D 通信过程进行监控，这种直通通信的模式是 D2D 通信的最典型的通信模式，也是最能够体现 D2D 良好优越性能的通信方式。

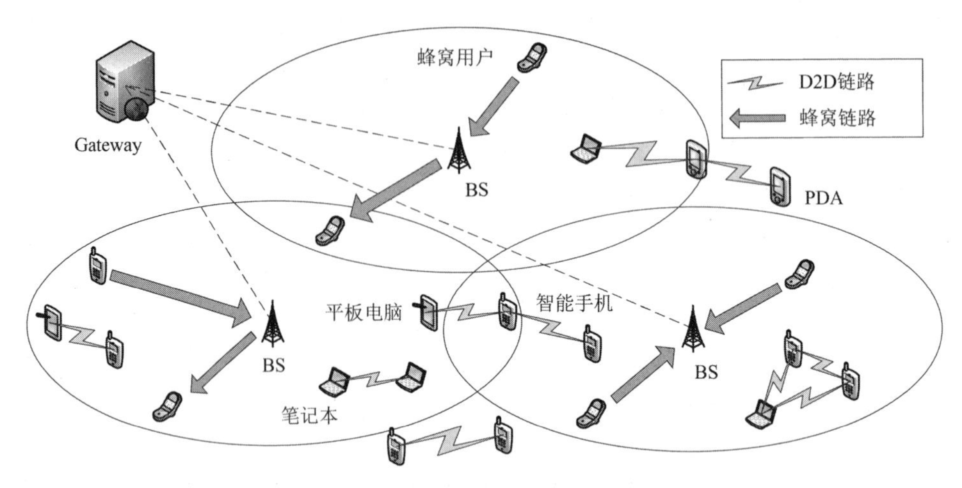

图 1-2-1　蜂窝与 D2D 混合网络的基本结构

（2）从 D2D 通信利用无线频谱资源的角度而言，D2D 通信既可以在非授权频段内进行，也能够使用蜂窝通信频段进行通信，对于前者，采用类似 WiFi 或蓝牙等技术都能够实现无线终端间的直通通信，但是一般干扰情况比较复杂并且不易控制。而对于 D2D 利用蜂窝频段进行通信的情况又能够划分两种方式，一种方式是基站划分出一部分蜂窝频谱资源，专门用于 D2D 进行传输，因此在专门划分出的频段上将不存在蜂窝与 D2D 之间的相互干扰，但是这样不能够充分利用蜂窝频谱资源；而另一种 D2D 频谱资源使用方式则是对蜂窝频谱资源进行直接复用，用这种方式需要考虑蜂窝与 D2D 之间的干扰，但是频谱资源利用率较高，因此一般而言，蜂窝网络下的 D2D 通信采用这种直接复用频谱的方式来进行通信。

（3）从系统中发生 D2D 通信的地理位置的角度而言，D2D 通信可以分为处于蜂窝覆盖范围内（in coverage）的 D2D 通信和脱离蜂窝覆盖范围（out of coverage）的 D2D 通信，对于前者，D2D 系统和蜂窝通信系统共存，后者则存在于蜂窝小区无法覆盖到的地区，当然，对于传统蜂窝网络无法覆盖到的地域，通过增加 D2D 中继或者利用小区边缘 D2D 用户进行传输，可以扩大整个网络的覆盖范围。

此外，从标准化对 D2D 通信的场景划分角度而言，D2D 通信可以被划分为公共安全（public safety）和商业网络（commercial network）两种，而由于这种划分方式涉及通信理论分析方面的问题较少，因此这里不作详细说明。上述分类方式小结如表1-2-1所示。

表1-2-1 D2D通信分类方式

分类角度	名称		特点
混合网络通信模式	蜂窝模式		和普通蜂窝通信无异
	D2D模式	基站接续	利用基站进行转发，不与更高层发生交互
		直通通信	通过终端间直接链路通信
利用无线频谱资源	非授权频段		可以随意使用该频段频谱
	蜂窝频段	专用频谱资源	专门利用一部分蜂窝频谱
		复用频谱资源	直接复用蜂窝频谱
地理位置	蜂窝覆盖范围内		蜂窝与D2D通信共存
	脱离蜂窝覆盖范围		D2D通信独立存在
标准化场景	公共安全		用于紧急情况下通信
	商业网络		用于民用、商业无线业务

那么将D2D通信引入蜂窝网络中，会使网络的结构变得比较复杂，而基于蜂窝网络这样一个大背景，蜂窝网络对D2D通信形成了三种控制方式，下面分别对其进行说明。

1. 以基站为中心的D2D通信控制方式

当蜂窝与D2D混合网络以基站为中心进行控制时，D2D通信中所涉及的所有操作都由蜂窝基站端进行控制，这其中不仅囊括了D2D的终端发现以及连接建立，也包括了后期的资源调度与D2D通信数据传输。整个控制过程首先由基站根据系统中具有D2D通信能力的终端的地理位置、通信业务类型以及区域环境的干扰情况等因素来决定是否可以进行D2D通信；其次，当一对D2D用户满足通信连接建立条件时，基站便能够令这两个用户进行配对和连接建立操作，同时为D2D通信分配相应的频谱资源。

以基站为中心的D2D通信控制方式可以使得蜂窝基站完全控制D2D的通信，从而起到完全监控的作用。然而，事实上由于受到两方面因素的制约，实际的以基站为中心的控制方式效果通常不理想，原因在于，一方面基站需要处理高速的蜂窝通信，保证正常的授权用户能够进行通信；另一方面，增加的D2D系统使基站需要处理大量的额外信息，同时还要保持对D2D通信的完全控制，基站的负荷将会很大，从而使整个网络的性能下降，这种不利情况往往在用户较多、业务较为繁忙时尤为明显。此外，对于一些处于小区边缘或者超出蜂窝覆盖范围的D2D用户而言，这种控制方式效果会减弱甚至难以执行。

2. 自组织的 D2D 通信控制方式

当系统中的 D2D 通信完全独立于蜂窝通信，并且通过区域的频谱感知方式进行配对和数据传输时，那么 D2D 通信控制方式则为自组织的。在这种控制方式下，D2D 用户通过对周围环境的感知，一方面寻找可以配对或者需要配对的用户，另一方面检测蜂窝系统中可用的频谱，从而为后面的数据传输做准备，当配对成功并且有可以利用的频谱资源时，D2D 终端便可以发起数据传输操作，而一旦 D2D 通信对蜂窝通信造成了有害干扰，那么 D2D 用户就需要进行相应的功率控制或者中断传输操作，防止影响系统中授权用户的正常通信。

自组织的 D2D 通信控制方式可以使 D2D 通信过程独立于蜂窝通信过程，基站不需要分担额外的工作用于处理 D2D 通信，因此，为了保证不对蜂窝通信造成严重干扰，D2D 通信需要实时对周围环境进行感知，然而，由于 D2D 终端在感知周围环境时具有一定的范围局限性，往往无法了解全局资源以及干扰信息，所以可能会在通信过程中给蜂窝用户造成有害干扰，降低网络通信性能。

3. 基站辅助的 D2D 通信控制方式

基站辅助的 D2D 通信控制方式是在蜂窝基站为 D2D 通信提供必要的辅助信息的前提下，由 D2D 终端自主完成 D2D 通信，整个过程受到来自基站端的监控。一方面，D2D 终端通过对周围环境的感知与检测，获取必要的干扰信息与资源占用情况等；另一方面，基站不仅为 D2D 提供连接建立的一些必要信息，还能够为 D2D 提供系统全局的信息，从而防止 D2D 盲复用资源造成干扰的情况出现。

基站辅助的 D2D 通信控制方式结合了前面两种控制方式的优点，同时弥补了前述两种控制方式的不足，从蜂窝系统角度而言，这种控制方式一方面降低了基站的负担，另一方面也使系统中的频谱利用率有效提高，而从 D2D 通信角度而言，采用这种控制方式不仅使 D2D 通信所具有的灵活性得以保留，同时也降低了 D2D 和蜂窝之间的干扰，使通信质量得到进一步提升。

综上所述，在蜂窝网络中引入 D2D 通信，在提升网络频谱利用率的同时也能够扩大蜂窝覆盖范围，但在加入 D2D 系统后，网络中不可避免地会产生干扰，同时也导致混合网络的结构变得比较复杂，那么就需要采用一系列技术手段用以克服引入 D2D 通信以后带来的不利因素，然而，随着通信系统的日益演进，传统的通信解决方案或者算法已经不能满足海量设备的通信需求，因此，学术界和工业界很自然地将焦点转移到当前炙手可热的人工智能（artificial intelligence，AI）技术上来，用来克服上述问题，接下来，将对 D2D 通信关键技术和 AI 驱动下的 D2D 通信研究现状进行介绍。

1.3　D2D 通信的关键技术

针对蜂窝网络下 D2D 通信技术的研究，相关的关键技术有：D2D 终端发现和连接建立技术、模式切换技术、干扰避免与协调技术、功率控制技术、D2D 中继技术等关键技术的研究，此外，还包含 D2D 通信频谱复用、混合网络传输容量以及蜂窝与 D2D 混合网络中频谱资源分配技术等。下面本节将分别介绍这些技术方向。

1.3.1　D2D 终端接入技术

蜂窝网络下 D2D 终端能够进行直通通信的前提是设备之间首先能够进行发现、识别并建立连接等一系列操作，只有两个设备之间建立起这样的直接链路的链接以后，才能够在设备之间进行传输。D2D 终端发现所基于的基本通信场景有三种：①纯自组织场景下的 D2D 终端发现；②完全蜂窝控制的 D2D 终端发现；③蜂窝网络下的蜂窝辅助 D2D 终端发现。这三种 D2D 的发现方式与蜂窝和 D2D 混合网络中的控制方式相对应，而 D2D 终端发现过程的最终目标是找到空间距离较近，时频资源可以使用的两个终端进行通信。

目前，已经提出的一些关于 D2D 的终端接入方式有以下几种：

（1）蜂窝网络下基于随机接入过程的 D2D 终端接入方案：一方面，在这样一种方案中，能够配对的 D2D 终端受基站控制，根据位置信息等参数随机配对并接入到蜂窝系统中，而由于这种终端发现方案具有一定的随机性，因此能够比较稳定地应用到现有的一些主流的蜂窝系统中，并且不需要做很大的更改；另一方面，由于蜂窝系统能够对 D2D 通信进行监控，因此这种方案还综合考虑了核心网对 D2D 通信形式的影响，同时蜂窝系统的实时监控还可以使得 D2D 在终端发现以后动态分配到系统中的频谱资源，这样的好处是充分利用网络中空闲的无线频谱资源。

（2）基于信道侦听的临近 D2D 终端发现方案：在蜂窝与 D2D 混合网络中，通过侦听蜂窝的上行传输，D2D 用户能够在兼容现有蜂窝网络系统协议的情况下发现临近的 D2D 用户终端。而由于受到信道统计特性不确定性的影响，在 D2D 终端发现的过程中，D2D 终端不仅需要进行相应的蜂窝上行信道的实时检测，还需要对所侦听的蜂窝用户进行信道估计，从而保证 D2D 终端能够准确地进行终端发现和连接建立的操作。

(3) 以节约能效为目标的区域性 D2D 终端发现方案：一般情况下，D2D 通信在进行终端发现的过程中，需要进行网络的实时监控或者由基站提供必要的配对信息，从能效角度来看往往需要消耗大量的能量，因此这种方案考虑了临近区域中 D2D 终端的统计特性，通过统计用户启用 D2D 通信模式概率较高的区域来决定 D2D 是否进行终端发现的操作，只有当 D2D 终端处于能够高概率找寻到配对用户的区域时，D2D 终端发现和配对操作才开始执行，因此同以往的 D2D 终端发现操作相比，整体网络能耗上有很大改善。

1.3.2 D2D 通信模式切换技术

蜂窝网络下 D2D 终端往往可以在蜂窝模式和 D2D 模式之间进行切换，这样的好处是可以在合适 D2D 通信的情况下采用直接链路进行通信，达到优化传输性能的目的，而最基本的模式切换方式就是通过比较接收机通过 D2D 链路和蜂窝链路收到的信号功率强度大小决定终端最终的通信模式，但是这种方式往往忽略了系统中的干扰、链路质量等因素，因此不是一种有效的办法。文献 [35] 则提出了一种根据系统中终端瞬时传输速率来决定最终传输模式的方案，在这样一种方案中，系统的上行和下行链路都被考虑进来，原因是 D2D 在通信的过程中只占用一半的蜂窝资源，因此只有综合考虑具有上下行传输的蜂窝通信的速率和直接链路的 D2D 通信速率以后，终端才能够决定采用哪一种模式进行通信比较好。

另一部分关于蜂窝网络下 D2D 的模式选择问题则是考虑采用专用系统资源的模式还是采用复用系统蜂窝资源的模式，采用专用系统资源时，网络中基站将专门划分出一部分蜂窝资源供 D2D 进行通信，当 D2D 复用蜂窝系统资源时，D2D 可以根据系统中的情况选择使用蜂窝资源，文献 [36] 分析了蜂窝网络中带有和不带有中继站两种情况下的 D2D 链路同蜂窝链路的比例关系，通过比较通信设备之间的比例关系，提出了 D2D 复用或专用蜂窝资源准则。

1.3.3 D2D 干扰避免与协调技术

蜂窝与 D2D 混合网络中，干扰问题是提升系统性能过程中需要解决的关键问题，而当 D2D 采用非授权频段或者利用专用频谱进行通信时，往往受到来自 D2D 系统内部的干扰，而以复用形式对蜂窝频段进行资源复用时，则需要考虑系统之间的干扰，因此，针对不同情况下的相应的干扰避免与协调技术就显得非常重要，在说明干扰避免与协调技术之前，首先必须先明确系统中存在的干扰，目前蜂窝与D2D网络中存在的干扰有以下几种。

（1）蜂窝通信对D2D造成的干扰：D2D在复用蜂窝资源时，会受到来自蜂窝通信的干扰。当D2D通信复用蜂窝上行资源时，干扰源为蜂窝用户；当D2D通信复用蜂窝下行资源时，干扰源则来自基站。对于前者，D2D所受到的干扰大小由蜂窝用户和D2D接收机两者共同决定，在不考虑遮挡或者障碍物等情况下，当蜂窝用户和复用相同资源的D2D接收机距离比较接近时，干扰较大；相反，干扰则比较小。而对于下行情况，由于基站位置固定，D2D所受到的干扰大小主要取决于D2D接收机所处的地理位置，当D2D接收机处于离基站较近的区域时，受到的干扰较大；而处于离基站较远或者小区边缘时，受到的干扰就比较小。

（2）D2D对蜂窝通信造成的干扰：当D2D复用蜂窝用户资源时，同样会对蜂窝通信造成干扰，与前文所述干扰类似，当D2D复用蜂窝上行资源时，由于基站位置固定，因此D2D对蜂窝上行通信造成的干扰大小主要取决于D2D发射机到蜂窝基站的距离大小，而当D2D复用下行资源时，则主要取决于D2D发射机和蜂窝用户之间的距离大小。

（3）D2D用户之间的干扰：D2D通信的一个特点在于允许两个或两个以上的D2D用户复用相同的频谱资源以达到提高频谱利用率的目的，因此当D2D通信使用非授权频段或者由基站专门划分出一部分蜂窝频谱资源供D2D进行使用时，利用相同资源的D2D用户之间将互相造成干扰，蜂窝用户由于和D2D使用相互正交的资源，因此两者之间不存在干扰。当多个D2D通信终端复用系统中相同的蜂窝资源时，不仅D2D和蜂窝用户之间存在干扰，同时D2D用户之间也存在干扰，在这样一种场景下，干扰情况是相对较为复杂的。

图1－3－1中分别给出了这几种干扰的示意图。图（a）表示蜂窝与D2D用户采用相互正交的资源时的干扰情况；图（b）则是D2D用户复用蜂窝用户上行资源时系统内部的干扰情况；图（c）表示D2D用户复用蜂窝用户下行资源时系统内部的干扰情况；图（d）以D2D复用蜂窝用户上行资源为例来说明，而蜂窝用户采用下行通信时情况类似，其表示当多个D2D用户复用同一个蜂窝用户时，系统内部的干扰情况。

D2D干扰避免与协调技术的本质就是通过一些相应的技术手段来抑制系统中因为共享相同频谱时造成的干扰，干扰避免侧重于对于强干扰的规避，例如D2D可以避免使用通信比较繁忙的蜂窝频段，防止对蜂窝用户造成干扰，或者避免多个处于地理位置较近的D2D用户复用相同的频段，从而减少相互之间的干扰。而干扰协调则主要侧重于终端之间的协调，例如基站端可以根据系统中无线资源的使用情况，对 D2D 用户进行控制，调度 D2D 至其他的频段，防止和蜂窝用户造成相互干扰，或者协调系统中不同的用户利用不同的时隙进行通信。

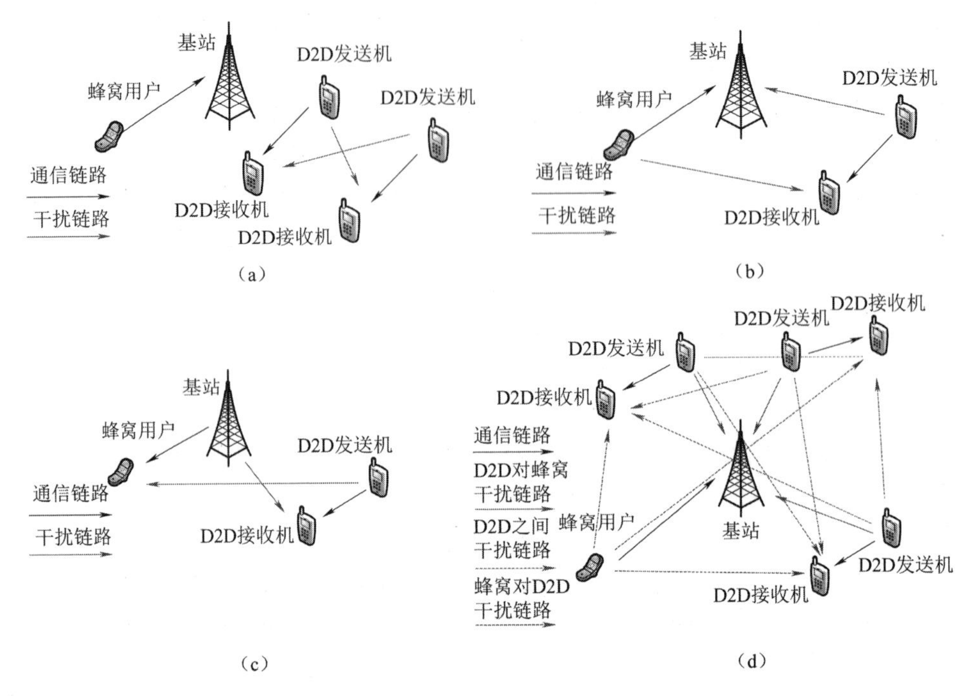

图 1-3-1　蜂窝与 D2D 混合网络中的几种干扰形式

(a) 正交使用资源；(b) D2D 复用上行资源；
(c) D2D 复用下行资源；(d) 多对 D2D 复用上行资源

1.3.4　D2D 通信功率控制技术

由于 D2D 通信本身就是小范围区域性质的通信技术，较短的链路往往具有较小的路径损耗，同时基本上没有太多阴影衰落的影响，因此 D2D 通信链路质量比较高，D2D 终端之间不需要太高的发送功率便可以达到比较好的传输效果。而就蜂窝与 D2D 混合网络而言，D2D 通信本身又受到来自蜂窝系统的控制，蜂窝基站能够对 D2D 通信终端进行资源调度以及功率控制等操作，因此在蜂窝与 D2D 混合网络中进行有效的功率控制，一方面能够降低系统中 D2D 对蜂窝通信的干扰，另一方面也能够增强 D2D 终端的续航能力，从而达到提高能效的目的。那么，如何在系统中合理进行功率控制，使 D2D 通信既不会对系统中蜂窝通信造成有害干扰，同时又能够使 D2D 系统自身得到比较大的性能增益，就是一个需要深入研究的技术问题。

与认知无线电或者 ad－hoc 等相关技术中的功率控制方式相比，蜂窝网络下 D2D 通信的功率控制既能够通过基站端进行控制，又可以由 D2D 网络自身根据周边环境进行调节，还能在基站和 D2D 共同作用下进行联合功率控制。在蜂窝与 D2D 混合网络中，最直接的方法是通过基站对 D2D 发射功率进行控制，在功率控制的过程中，考虑路径损耗、用户之间的相对位置以及对于相应的蜂窝用户可能造成的干扰大小，以保障蜂窝用户正常通信的前提下，控制 D2D 信号发送功率大小。而除了简单的功率控制方式以外，蜂窝网络下的 D2D 功率控制方式还包括基于总吞吐量约束条件下的 D2D 功率控制方式，以及基于用户服务质量（QoS）抑制下的 D2D 功率控制方式，前者运用一种功率控制算法，通过迭代计算出符合目标 SINR 要求的蜂窝与 D2D 混合网络中各用户的发送功率，使系统能够达到一个总的优化的吞吐量，而后者通过精确计算系统中每条 D2D 链路之间的接收功率以及所受到的干扰，决定出最后的复用相同蜂窝用户资源的 D2D 用户个数及其功率，从而使得在不对蜂窝系统造成有害干扰的情况下，最大化 D2D 系统的容量。

1.3.5　D2D 中继技术

蜂窝网络下 D2D 中继技术主要是指将具备 D2D 通信功能的终端作为中继，辅助 D2D 终端和基站之间的通信或者辅助两个 D2D 终端之间的通信。前者是为了增强基站与用户之间的通信质量，改善边缘用户的传输性能，从而达到提高小区覆盖和系统容量的目的，而后者则主要是为了利用中继技术提高两个 D2D 之间的通信性能，从而克服信道不确定性的影响，降低信号传输中断概率。对于蜂窝与 D2D 混合网络而言，在引入了 D2D 作为中继进行辅助传输以后，除了在中继技术中结合传统的干扰避免、功率控制等方式外，还可以引入关于中继选择机制、资源分配等问题的研究。此外，考虑到 D2D 本身作为一个用户终端，中继的能效问题也是实际应用过程中必须要考虑到的一个方面。

在无线通信系统中，由于信道状态的不确定性，以及受限于距离、覆盖范围等因素，往往在传输的过程中需要加入中继节点进行通信辅助，因此相当多的研究工作对中继通信技术进行了研究，通过中继传输，一方面能够降低收发端的掉话概率，另一方面也能够克服距离等因素的限制，在增大传输距离的同时提高链路质量。而对于蜂窝网络下的 D2D 通信，由于系统中用户数目较多，特别是在通信业务比较繁忙的情况下，整个网络中的干扰情况会变得比较严重，从而导致蜂窝或者 D2D 通信质量有所下降，使传输中断概率变得较大，因此为了提高系统的 QoS，往往需要引入 D2D 中继来改善系统性能。

1.3.6 D2D 通信频谱复用

在蜂窝频段下，D2D 终端往往作为次级系统对蜂窝系统频谱资源进行复用，那么对于 D2D 通信而言，首要的前提是不能够对蜂窝中授权用户的通信造成有害干扰，因此 D2D 在进行频谱复用时需要事先对系统中的无线通信资源进行感知，从而获得相应的资源使用信息。目前理论界不少研究工作围绕频谱复用问题进行了深入讨论，其中包括基于反馈信息的频谱复用技术、动态频谱复用技术以及基于博弈论的 D2D 频谱复用技术等。

在文献［53］中，次级系统用户允许选择任意一个主用户的频谱进行资源复用，而前提是次级系统用户对该主用户的干扰能够处于容忍范围内，在次级系统用户频谱复用的过程中，首先需要广播出信标信号；其次通过对主用户反馈信号的侦听，从而判断相应主用户的接收机情况以及干扰容忍度；最后选择合适的功率进行信号传输。然而，在这样一种频谱复用机制中，由于次级系统终端的限制，不可能探测到全部信道，因此需要对系统中的历史信息进行留存，这对终端的存储能力有一定要求。从前面叙述可知，基于反馈信息的频谱复用技术主要集中于主用户同次级用户之间的交互工作。

蜂窝网络下的 D2D 系统存在一定的自主权，从而为 D2D 的动态频谱复用提供了条件，文献［54］提出了一种基于信干比（SIR）感知的动态频谱复用方案，每个 D2D 用户根据传输损耗的不同，自适应地进行激活阈值的调整，同时，系统对整个网络中蜂窝的覆盖率以及区域频谱效率进行优化，最终得到一个最大化的分布式 D2D 成功传输概率，从而使网络性能得到优化。动态频谱复用方案主要是需要依靠系统中 D2D 终端自身的感知完成相应的操作。

系统中，基站端能够为 D2D 传输提供必要的信息，文献［55］的工作利用了基站与 D2D 之间的交互信息完成 D2D 用户的频谱复用操作。系统中，基站既可以划分专门的资源供 D2D 进行使用，同时也能够使 D2D 复用当前蜂窝用户的频谱，接着利用等级匹配竞价机制对 D2D 频谱复用问题进行数学建模和分析，然后通过对该问题的优化求解，使系统中 D2D 频谱复用状态达到贝叶斯均衡，最后，通过提出相应的分布式算法，用以在实际系统中完成整个网络的贝叶斯均衡操作。

随着网络结构的复杂化，及 D2D 用户终端性能的不断升级，对于蜂窝网络下的 D2D 频谱复用问题的研究也在不断趋于一般条件下的研究，这其中包括了对于D2D随机频谱复用的分析，以及全网状态下随机分布D2D用户的频谱复用分析等，因此目前D2D频谱复用问题正在朝着更加一般化和随机化分析的方向发展。

1.4 AI驱动下的D2D通信研究现状

D2D通信允许距离相近的两个通信设备直接进行数据传输，而不需要经过基站转发，因此可以提高数据传输速率、降低传输时延、提升通信质量，还可以适当地减轻基站负载。在D2D通信中，通信双方距离较近，发射功率相比传统蜂窝通信可以适当降低，对其他用户造成的干扰也会减少，在采取有效的干扰管理技术后可以允许D2D通信复用蜂窝通信无线频谱资源，大大提高通信系统的频谱效率。但是，在蜂窝网络中，蜂窝用户本身频谱接入方式复杂且动态变化，引入D2D通信后，如何协调好不同用户间的频谱接入，尽量减少干扰的同时提高频谱效率显得尤为重要。

近年来，随着人工智能（artificial intelligence，AI）技术的发展，机器学习（machine learning，ML）技术在语音识别（speech recognition）、计算机视觉（computer vision，CV）、自然语言处理（NLP）等领域都取得了重大的突破。作为机器学习的一个重要分支，强化学习（reinforcement learning，RL）的主要思想是使智能体（agent）在某一特定目标的引导下，通过与环境互动观察环境信息、积累经验，以“试错”的方式自主学习到最优策略以实现这一目标。强化学习是进行智能决策强有力的工具，尤其是结合了神经网络的深度强化学习（deep reinforcement learning，DRL），在很多领域取得了出色的成绩，例如机器人控制、无人驾驶、AI游戏等。此外，DRL技术在通信和网络方面也有着广泛应用，因此，利用强化学习技术研究D2D通信优化问题具有非常重要的现实意义。接着，以两个D2D通信中最典型的问题，也即D2D通信接入技术和D2D频谱资源复用技术，来说明目前利用AI技术解决D2D通信的相关研究现状。

1.4.1 智能D2D终端接入技术研究现状

由于无线通信需求的日益增长以及频谱资源的稀缺性，对于针对新兴无线网络技术的高效动态频谱接入（DSA）方案的开发一直是国内外科研人员关注的重点。D2D通信模式在传输速率、传输时延等方面有一定优势，并且在一定条件下能够复用频谱资源、提高频谱利用率，但是频谱复用会对其他用户造成一定程度的干扰，所以如何在蜂窝用户和D2D共存的无线网络中设计合理高效的动态频谱接入方案，尽量减少干扰的同时提高系统性能也是国内外研究的热点。

起初有关 DSA 的科研工作主要采用基于模型的方法，比如博弈论、匹配理论、图形着色方法等，以便获得易于处理和结构化的解决方案。但是，所有这些研究主要集中在模型和目标相关的问题设置上，通常需要更复杂的实现方式（例如载波侦听、宽带监控），并且解决方案依赖模型，通常无法有效地适应处理更复杂的真实模型。后来，随着强化学习技术在很多领域的广泛应用，很多科研工作关注利用强化学习技术研究高效的频谱接入方案。文献［62］和［63］都采用 RL 的 Q – learning 算法设计类似 ALOHA 的接入方案，即用户根据与环境互动观察到的信息及多次交互积累的经验生成一个接入当前信道的概率以最小化冲突。文献［62］采用多智能体 Q – learning 算法来研究多个用户多个信道的无线电认知网络中的频谱接入问题，这里将 Q – learning框架从单用户场景拓展到了多用户场景，对于每个次级用户而言，其他的次级用户都被看作环境的一部分，文章中对于完全可观测和部分可观测情况都进行了测试，试验结果表明次级用户可以学习到快速避免冲突。文献［63］专注于无线传感器网络中的频谱接入问题，相较于传统的 ALOHA 接入，基于 Q – learning 设计的 ALOHA 方案使用户能以更小的冲突概率接入时隙。Q – learning 算法在某些情况下能够较快收敛达到理想的性能，但是当动作或状态空间较大时将很难收敛，于是文献［64］采用分布式多智能体 DRL 方法研究同构无线网络中的动态频谱接入问题，其中 N 个用户采用相同的频谱接入准则（以一定概率接入某个信道）动态接入 K 个相互正交的频谱信道，这里采用的是 deep Q – network（DQN）算法，使用长短时记忆网络（LSTM）设计神经网络使得网络能够使用过去的部分观测值来估计真实状态。文献［65］依旧采用 DQN 算法研究多信道接入问题，其中多个相关信道遵循未知的联合马尔可夫模型，考虑的是单用户的情况，作者先后在固定信道接入和随机信道接入的情况下测试了算法性能，都取得了近乎最优的结果，最后文章还提出了一种自适应的 DQN 方法使得智能体在时变情景下调整适应其学习能力。文献［66］提出了一种基于 DRL 的异构网络（即在一个无线网络中存在多种采用不同接入方式的网络）中的频谱接入方法，这里考虑的是一个时隙网络即各个用户根据各自的接入协议（如 TDMA、ALOHA 等）试图接入同一无线信道的不同时隙，其中智能体节点基于 DRL 算法在不知道其他节点接入准则的情况下自主学习到最优的接入策略，以最大化系统总吞吐量。文献［64］~［66］中都假设用户始终有要发送的数据包（即用户处于饱和模式），而文献［67］中探究了无线网络中用户具有不同数据发送需求情况下的频谱接入问题，并提出了一种基于分布式DRL的算法在尽量保证用户间频谱接入公平性的同时最大化总吞吐量。

以上文献主要关注于动态频谱接入问题，没有考虑引入了D2D通信的网络，由于D2D在复用蜂窝用户资源的同时会对用户造成一定程度的干扰，因此相关工作主要集中在频谱资源分配和干扰管理方面。文献［68］考虑的是基于正交频分多址（OFDMA）技术的单小区系统，其中D2D复用蜂窝用户频谱资源，作者提出了一种基于地理位置的子小区划分策略，即根据D2D用户的临近程度将蜂窝小区划分为一个个子小区，每个子小区内部D2D之间相互正交地接入多个子载波信道以避免干扰。文献［69］提出了一种基于Q-learning的分布式多智能体频谱分配方案，考虑的场景是宏蜂窝、微蜂窝、微微蜂窝和毫微微蜂窝共存的多层异构网络，其中D2D以复用的方式接入频谱，即D2D作为智能体要选择合适的蜂窝用户资源块来复用，目标是最小化对蜂窝用户干扰的同时最大化吞吐量和频谱效率。文献［70］依旧是分布式多智能体的频谱资源分配方案，但应用的场景及采用的DRL算法都与文献［69］不同。文献［70］中考虑的是单蜂窝小区的下行链路场景，蜂窝用户根据OFDMA技术使用某一频段，D2D作为智能体选择一个资源块复用，采用的是actor-critic（AC）算法，并且作者将算法从需要所有D2D的历史信息改进为只需要邻居D2D的历史信息，降低了训练时的计算复杂性，试验结果显示该论文中提出的方案能有效降低蜂窝用户通信的中断概率并提高D2D链路的总速率。这些文献中用到的多智能体算法都是“集中式训练，分布式执行”的形式，即每个智能体独立和环境互动，用所有智能体和环境互动获得的经验数据训练一个神经网络，训练好的神经网络由所有智能体共享。

1.4.2 智能D2D频谱复用技术研究现状

典型的D2D场景应该包含非视距（NLOS）和视距（LOS）模型。例如在城市道路中，建筑物等视线遮挡物是NLOS；例如在高速公路上，无视线遮挡物的环境是LOS。为了解决蜂窝与D2D通信网络中变化的信道信息所带来的挑战，文献［71］中的作者研究了一种端到端的启发式共享频谱方法，这会缓解网络对于全面的信道信息的需求。文献［72］中的算法，以提高蜂窝用户的容量为优化目的，并适应缓慢变化的信道衰落。文献［73］也使用了类似的方法，不仅令D2D用户和蜂窝用户共享信道资源，文献［73］的作者还使对等的D2D用户之间也可以共享资源。此外，文献［74］和文献［75］还分别研究了延迟信道状态信息和队列状态信道信息。进一步，还有些工作根据用户的位置分配资源，比如文献［76］提出了两种根据 D2D 用户所处环境不同而采用不同的 D2D 通信资源分配算法。具体地，一种是适用于城市道路的情况，也就是前文提到的 NLOS 模型；另一种是适用于 LOS 代表的高速公路情况。该算法通过不同 D2D 用户的方向、速度、坐标以及 D2D 用户密度等信息分配不同的频谱资源，但是因为高速移动的 D2D 用户经常会在 NLOS 和 LOS 代表的不同区域穿梭，所以该算法的效率可能会受到限制。在这些工作的基础上，为了应对 D2D 用户和蜂窝用户共享资源引发的干扰问题，需要有规划地分配信道资源。传统的研究方法文献［77］、文献［78］在降低共道干扰的同时满足 D2D 通信的时延要求。D2D 通信在共享资源池上的资源分配是研究的热点。文献［77］提出的方法是集中资源分配。首先需要一个中央控制器，每辆车需要向中央控制器提供自己的信息，比如位置、信道状态等。中央控制器收集全局信息，然后在不违反时间约束的情况下计算最优分配方案。中央控制器将问题转化为优化问题，其中 D2D 通信的 QoS 约束就是优化问题的约束。然而寻找最优解常常是不可行的，因为这将是一个 NP - hard 问题，在解决问题的过程中，我们的目标是寻找次优解。

集中资源进行分配会出现一个弊端，当蜂窝与 D2D 通信网络随 D2D 用户数量增加而扩大时，D2D 用户向中央控制器传输的信息会非常多，传输成本非常大，计算复杂度也大，因此集中式方法常常适用于有限 D2D 用户数量下的 D2D 网络。进一步，随着 D2D 用户数量的增加，文献［78］研究了以分布式为基础的资源分配以及功率控制方案。分布式方法能够使得通信资源利用率更高，复杂度更低。

上述经典方法均能获得接近最优的性能，但依赖于额外的信息，比如 D2D 信道增益、干扰条件等，这些信息通常难以完美获得。同时，D2D 通信的约束作为问题优化约束，其中的隐含关系是很难分析的。随着高速移动的 D2D 用户带来的挑战，传统的资源分配方法已经难以适应这种快速变化的信道，人们强烈希望找到更好的无线网络资源分配方案。幸运的是，作为最热门的人工智能技术之一，强化学习是提高 D2D 通信性能的很有前途的一种方法。D2D 通信的约束可以作为强化学习的奖励机制，通过未来奖励和即时奖励的结合，可以避免目光短视。在文献［79］中，作者提出了一个多智能体问题，并使用 Q - learning 方法来分析 D2D 通信中的离散状态和资源分配问题。然而，多个感知分量以及信道信息产生了大规模连续状态空间，这使得 Q - learning 效率比较低下。在此基础上，将 Q - learning 与深度神经网络（DNN）相结合，解决大规模连续状态空间问题，同时兼顾蜂窝通信和 D2D 通信性能。进一步，文献［81］集中讨论了深度 Q 网络（DQN）的功率控制问题。但 DQN 仍然存在过度估计的问题，因此，为了避免 DQN 的弊端，文献［81］的工作在文献［82］中得到了进一步完善。此外，文献［83］还将每个 D2D pair 视为一个基于 Double DQN（DDQN）的智能体，最终目标是最大化蜂窝通信的总容量，但忽略了 D2D 通信的吞吐量。上述工作很少同时考虑资源分配和功率控制，在时延非常严格的情况下，缺乏对智能体选择的分析。因此，基于 AI 相关的智能 D2D 通信资源复用技术仍有待于进一步探索和研究。

1.5 本书内容安排

本书通过对智能 D2D 通信技术中的信号处理、资源复用等技术进行深度分析，借助目前炙手可热的 AI 技术工具，提出了一系列基于 AI 的 D2D 通信解决方案。同时也会部分介绍一些传统的 D2D 通信中的经典处理方式供读者学习和了解，而本书后半部分所提出的基于 AI 相关技术方案，将会同传统的方案进行对比，用以彰显 AI 技术在 D2D 通信中的应用优势。具体来说，本书剩余部分的内容安排如下：

第 2 章讨论了人工智能相关的基础理论知识，包括机器学习、深度学习以及深度强化学习的相关基础内容；第 3 章从物理层角度出发，探讨了利用深度学习解决 D2D 链路信道状态信息（CSI）反馈的问题；第 4 章从机器学习的角度出发，探讨了 D2D 通信中的智能波束选择问题，相比于传统技术，大大提升了系统的传输性能；第 5 章从 D2D 用户部署角度出发，探讨了基于经典理论的 D2D 用户部署策略，为后续采用深度强化学习进行 D2D 相关性能提升打下基础，第 6 章首先探讨了 D2D 频谱接入机制，利用深度强化学习进一步提高了系统的接入性能，增大了系统的吞吐量；第 7 章在第 6 章的基础上，将区域划分的 D2D 技术进一步进行分析，提出了采用基于区域划分的 D2D 频谱复用方案；第 8 章和第 9 章分别探讨了 D2D 中经典的资源分配与功率控制方案，以及基于强化学习的 D2D 通信资源分配与功率控制方案，相应的算法对比进一步体现出使用 AI 技术能够大大提升 D2D 通信的性能，为推动 D2D 技术的持续发展不断加速助力。

第2章
D2D通信中的人工智能理论基础

2.1 引　　言

随着理论的演进，已有大量工作涌现出来解决有关D2D通信的问题。例如，一方面，图论运用于D2D技术很多年了，D2D链路和蜂窝链路都可以利用边的权重来表征。在文献［84］中，一个二分图被构造出来，其中图的权重被描述为相关链路的最大总速率。另一方面，博弈论也是一种处理D2D通信问题的常用方法之一。例如在文献［85］中，D2D节点之间竞争被建模为一种非合作的功率控制博弈，以最大化D2D链路的平均速率。然而，这些方法主要依赖于模型相关的问题设置，需要更复杂的计算。同时，在现实中往往很难获得完美的模型相关信息，比如信道增益和干扰信息。所以，无法有效地利用这些方法来处理现实中的问题。

近年来，随着人工智能理论技术的快速发展，为解决D2D通信问题提供了有效的途径。在传统方法中往往存在的复杂模型函数，都可以利用人工智能模型来模拟。机器学习是人工智能的基础，它主要是设计和分析一些让计算机自主学习的算法，其本质是从数据中自主分析并拟合其规律，之后利用拟合的规律去对未知的数据输入进行预测等。因为机器学习涉及数据，所以它与统计学关系密切，又可以被称为统计学习方法。在文献［86］中，利用支持向量机分类器优化模拟波束选择，以达到最大平均总速率。随着深度学习的发展，利用神经网络来拟合函数已成为趋势。在问题分析和建模中，经常会出现np－hard问题，求出最优解是非常困难的，利用神经网络可以最大限度地逼近最优解。有了深度学习技术，强化学习在D2D通信应用中展示出了明显的优越性。在深度强化学习中，D2D通信链路可以被视为智能体，智能体在环境中通过不断的试错学习来优化选择策略。人工智能技术应用于D2D通信，不仅能达到良好的通信网络性能，较之传统算法往往具有更高的鲁棒性，是未来D2D通信的主流算法之一。

2.2　机器学习基础

机器学习包括监督学习、无监督学习、半监督学习以及强化学习。

监督学习的任务是学习一个模型，使模型对给定的输入做出一个理想的预测。计算机的基本操作就是得到一个输入，产生一个输出。监督学习是机器学习极其重要的分支，也是机器学习应用最广泛的部分。在无监督学习中，训练样本的标记是没有的，模型通过对无标记训练样本的学习来探索数据的规律。在无监督学习中，“聚类”是研究最多的内容。半监督学习使用大量的未标记数据，并同时使用已标记数据。半监督学习不依赖外界交互，自动利用未标记数据来改善模型。最后，强化学习本质上是一种试错学习，智能体不断与环境交互，通过不断尝试探索最优的选择。

2.2.1　决策树

决策树是一种基本的分类和回归方法，呈树状结构。在分类问题中，它被认为是 if - then 的规则集合。决策树学习通常包括三个步骤：特征选择、决策树生成、决策树剪枝。到目前为止决策树有很多实现算法，例如经典的 ID3 算法、改进的 C4.5 算法以及 CART 算法等。

决策树通过把实例从根节点排列到某个叶子节点（或称叶节点）来分类实例，叶子节点即为实例所属的分类。树上的每一个节点指定了对实例的某个属性的测试，并且该节点的每一个后继分支对应于该属性的一个可能值。分类实例的方法是从这棵树的根节点开始，测试这个节点指定的属性，然后按照给定实例的该属性值对应的树枝向下移动。然后这个过程在以新节点为根的子树上重复。图 2 - 2 - 1 展示的是一棵决策树的基本结构，在图中，每个非叶子节点也即图中的内节点代表数据集的输入属性，每个内节点包含一个 attribute value，该 Attribute value 表示相应的属性值，也即数据集中每个样本在某个属性上的具体取值；叶子节点代表每个实例的输出属性。

在 ID3 算法中，使用信息增益挑选最有解释力度的变量。要了解信息增益，先要了解信息熵（entropy）的概念。对于一个取有限个值的高散随机变量 D，其信息熵的计算公式如下：

$$\text{Info}(D) = -\sum_{i=1}^{m} p_i \log_2(p_i) \qquad (2-2-1)$$

式中，m 表示随机变量 D 中的水平个数；p 表示随机变量 D 的水平 i 的概率。

信息熵的特点是当随机变量 D 中的水平较少、混乱程度较低时，信息熵较小；反之则较大。由此信息熵可以衡量一个随机变量的混乱程度或纯净程度。

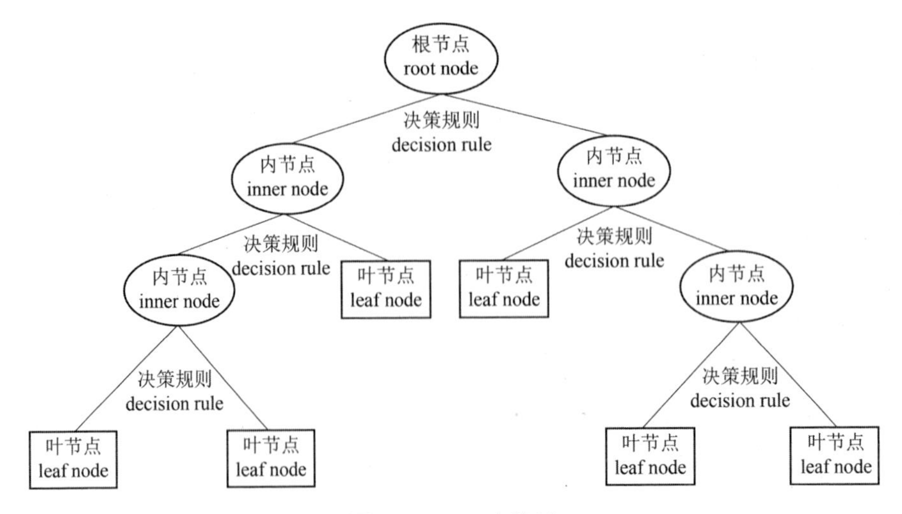

图 2-2-1　决策树

信息熵用来衡量信息量的大小。

（1）不确定性越大，则信息量越大，熵越大；

（2）不确定性越小，则信息量越小，熵越小。

构造树的基本想法是随着树深度的增加，节点的熵迅速降低。熵降低的速度越快越好，这样我们有望得到一棵高度最矮的决策树。

ID3 构建决策树的基本过程如下：

（1）把所有记录看作一个节点；

（2）遍历每个属性变量的各种分割方式，根据信息增益最大的准则，找到最优的属性作为树的分割点；

（3）根据该属性的取值将根节点分割成若干个子节点$N_1, N_2, \cdots$；

（4）对各个子节点分别继续执行（2）~（3）步，直到每个节点足够“纯”为止。

在 ID3 的基础上，C4.5 是用较为复杂的熵来度量，使用了相对较为复杂的多叉树，只能处理分类，不能处理回归。对这些问题，CART（classification and regression tree）做了改进，既可以处理分类，也可以处理回归。CART 假设决策树是二叉树，内部节点特征的取值为“是”和“否”，左分支是取值为“是”的分支，右分支是取值为“否”的分支。这样的决策树等价于递归地二分每个特征，将输入空间即特征空间划分为有限个单元，并在这些单元上确定预测的概率分布，也就是在输入给定的条件下输出的条件概率分布。CART 算法由以下两步组成：

（1）决策树生成：基于训练数据集生成决策树，生成的决策树要尽量大。

决策树剪枝：用验证数据集对已生成的树进行剪枝并选择最优子树，这时损失函数最小作为剪枝的标准。

（2）CART 决策树的生成就是递归地构建二叉决策树的过程。CART 决策树既可以用于分类，也可以用于回归。本节我们仅讨论用于分类的 CART。对分类树而言，CART 用 Gini 系数最小化准则来进行特征选择，生成二叉树。

CART 生成算法如下：

输入：训练数据集 D，停止计算的条件。

输出：CART 决策树。

根据训练数据集，从根结点开始，递归地对每个节点进行以下操作，构建二叉决策树：

（1）当前节点的数据集为 D，如果样本个数小于阈值或没有特征，则返回决策子树，当前节点停止递归。

（2）计算样本集 D 的基尼系数，如果基尼系数小于阈值，则返回决策树子树，当前节点停止递归。

（3）计算当前节点现有的各个特征的各个特征值对数据集 D 的基尼系数。

（4）在计算出来的各个特征的各个特征值对数据集 D 的基尼系数中，选择基尼系数最小的特征 A 和对应的特征值 a。根据这个最优特征和最优特征值，把数据集划分成两部分 $D1$ 和 $D2$，同时建立当前节点的左右节点，左节点的数据集 D 为 $D1$，右节点的数据集 D 为 $D2$。

（5）对左、右子节点的递归调用（1）~（4）步，生成决策树。

对生成的决策树做预测时，假如测试集里的样本 A 落到了某个叶子节点，而节点里有多个训练样本。则对于 A 的类别预测采用的是这个叶子节点里概率最大的类别。

算法停止计算的条件是节点中的样本个数小于预定阈值，或样本集的 Gini 系数小于预定阈值（样本基本属于同一类），或者没有更多特征。

2.2.2　支持向量机（SVM）

图 2-2-2 中的（a）是已有的数据，白色和黑色分别代表两个不同的类别。数据显然是线性可分的，但是将两类数据点分开的直线显然不止一

条。图2-2-2的(b)和(c)分别给出了A、B两种不同的分类方案，其中黑色实线为分界线，我们称为“决策面”。每个决策面对应了一个线性分类器。虽然从分类结果上看，分类器A和分类器B的效果是相同的，但是它们的性能是有差距的，如图2-2-3所示。

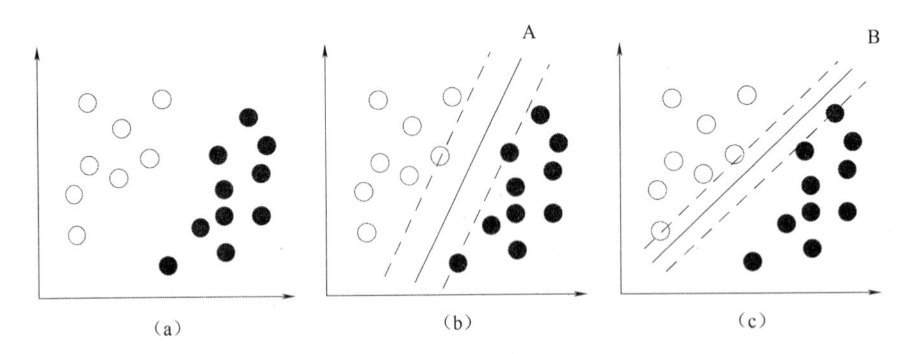

图2-2-2　支持向量机分类示意图

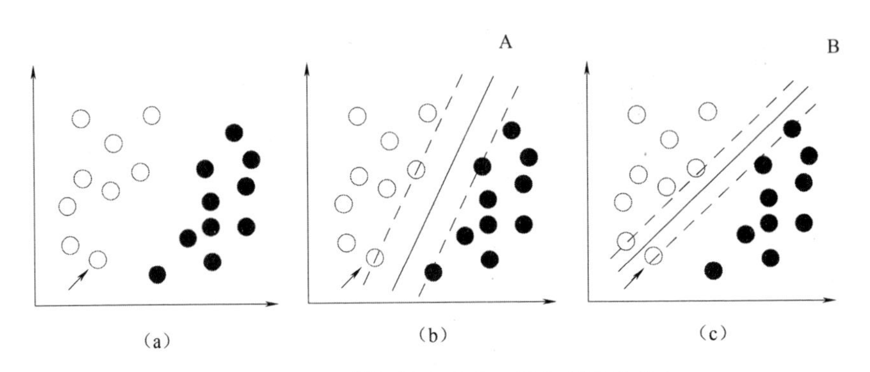

图2-2-3　增加样本后的支持向量机分类

在“决策面”不变的情况下，我们又添加了一个白点。可以看到，分类器A依然能很好地分类结果，而分类器B则出现了分类错误。显然分类器A的“决策面”放置的位置优于分类器B的“决策面”放置的位置，SVM算法也是这么认为的，它的依据就是分类器A的分类间隔比分类器B的分类间隔大。在保证决策面方向不变且不会出现错分样本的情况下移动决策面，会在原来的决策面两侧找到两个极限位置（越过该位置就会产生错分现象），如图2-2-3中虚线所示。虚线的位置由决策面的方向和距离原决策面最近的几个样本的位置决定。而这两条平行虚线正中间的分界线就是在保持当前决策面方向不变的前提下的最优决策面。两条虚线之间的垂直距离就是这个最优决策面对应的分类间隔。显然每一个可能把数据集正确分开的方向都有一个最优决策面（有些方向无论如何移动决策面的位置也不可能将两类样本完全分开)，而不同方向的最优决策面的分类间隔通常是不同的，那个具有“最大间隔”的决策面就是 SVM 要寻找的最优解。而这个真正的最优解对应的两侧虚线所穿过的样本点，就是 SVM 中的支持样本点，称为“支持向量”。

2.2.3　聚类

聚类的任务是把数据中的样本划分为若干个不相交的子集，每个子集一般称为“簇”。每个“簇”对应一些潜在的概念，比如类别。假设样本集 $D=\{x_1,x_2,\cdots,x_n\}$ 包含 n 个无标记样本，每个样本 $x_i=(x_{i1},x_{i2},\cdots,x_{ik})$ 为一个 k 维向量，那么聚类算法将样本集 D 划分为 m 个不相交的簇 $\{C_l|l=1,2,\cdots,m\}$，其中 $C_{l'}\cap_{l'\neq l}C_l=\phi$，且 $D=\cup_{l=1}^{m}C_l$。对应地，我们用 $\lambda_j\in\{1,2,\cdots,m\}$ 表示样本 x_j 的簇标记。从而，聚类的结果可用包含 n 个元素的簇标记向量 $\boldsymbol{\lambda}$ 表示。

聚类可以用来寻找数据内部的分布，也可以成为分类任务的前驱过程。比如，画展要对一批新作品的类别进行判别，但定义画的类别是一件不容易的事，此刻如果先对这批作品进行聚类，根据聚类的结果再人为判断，基于这些类别可以训练分类模型，从而用于判断新画的类型。

聚类主要分为原型聚类、密度聚类和层次聚类。

原型聚类是假设其结构能够通过一组原型刻画，最经典算法是 k - means，该算法对聚类所得的簇划分 $C=\{C_1,C_2,\cdots,C_m\}$ 最小化平方误差

$$E=\sum_{i=1}^{m}\sum_{x\in C_i}\|x-\boldsymbol{\mu}_i\|_2^2 \tag{2-2-2}$$

式中，$\boldsymbol{\mu}_i$ 是簇 C_i 的均值向量。E 值在一定程度上刻画了簇内样本围绕均值向量的紧密程度，E 值越小那么簇内样本相似度越高。

与 k - means 不同，还有一种高斯混合聚类，它采用概率模型来表示聚类原型。高斯混合分布可以被定义为：

$$p_M(x)=\sum_{i=1}^{m}\alpha_i p(x\mid\boldsymbol{\mu}_i,\Sigma_i) \tag{2-2-3}$$

该分布由 m 个混合成分组成，每个混合成分对应一个高斯分布。其中 $\boldsymbol{\mu}_i$ 和 Σ_i 是第 i 个高斯混合成分的参数，而 $\alpha_i>0$ 为相应的“混合系数”，$\sum_{i=1}^{m}\alpha_i=1$。

假设样本的生成由高斯混合分布给出，首先根据 $\alpha_1,\alpha_2,\cdots,\alpha_m$ 定义的先验分布选择高斯混合分布成分，其中α_i为选择第 i 个混合成分的概率；之后，

根据被选择的混合成分的概率密度函数进行采样，从而生成相应的样本。

此外，密度聚类通过样本分布的紧密程度确定，从样本密度来考虑样本之间的可连接性，基于可连续样本不断扩展聚类簇，最终得到聚类结果。层次聚类试图在不同层次划分数据，从而形成树的聚类结构，可采用“自底向上”或“自顶向下”的顺序。比如，对自底向上顺序而言，在每一层中，找出距离最近的簇进行合并，直至达到预设的簇个数。

2.2.4 强化学习

图2-2-4给出了强化学习的一个简单图示。在典型的强化学习算法中，所包含的步骤如下：

(1) 智能体先要选取某一动作与外部环境进行交互。

(2) 智能体获得并完成一个动作后，从当前状态转变到其他状态。

(3) 系统将根据动作给予智能体相应的奖励。

(4) 根据获得的奖励，智能体会知道该动作是有利的还是有损利益的。

(5) 如果动作是有利的，即如果智能体获得正面的奖励，那么将会偏向于选取并执行该动作；否则智能体会尝试选择其他动作来获得正面奖励。

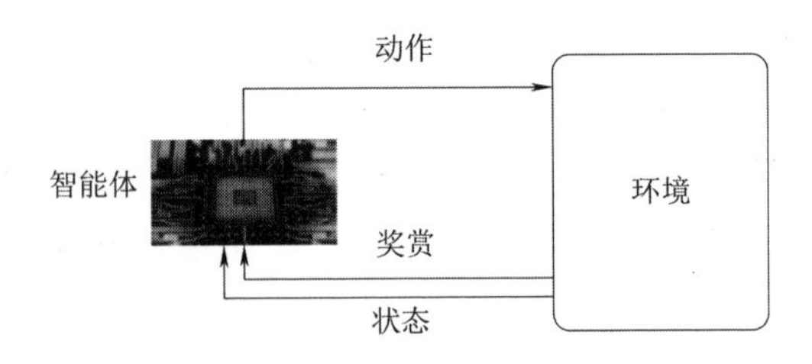

图2-2-4 强化学习图示

马尔可夫决策过程（MDP）为求解强化学习问题给予了一个数学框架，MDP一般由五个部分表示：

(1) 智能体能够处于的某种状态。

(2) 智能体要选择的某种动作，使之从当前状态转变到其他状态。

(3) 转移概率，这是智能体选择某一动作后，从当前状态 s 转变到其他状态 s' 的概率。

(4) 奖励概率，这是智能体完成动作后会转变到其他状态，从而得到奖励的概率。

(5) 折扣因子，它可以使得即时奖励和长期奖励的重要性发生变化。

强化学习通常采用马尔可夫决策过程描述。智能体身处环境中，状态空间为 S，其中每一时刻状态 $s \in S$ 是智能体感知到的环境描述，每一时刻智能体会选择一个动作a_t，环境会给予智能体一个奖励r_t，同时状态从s_t转移到s_{t+1}。综合起来，四元组（s_t，a_t，r_t，s_{t+1}）就形成了智能体的经验。智能体需要不断地和环境交互，在这个过程中学得一个策略，根据这个策略在特定状态下选择动作，直到最终状态，目标是最大化累积的奖励。比如，十天后有一场考试，考试前每天玩耍的奖励是 +1 情绪值，认真复习的奖励是 -1 情绪值，考试通过的奖励是 +100 情绪值，考试失败的奖励是 -100 情绪值。如果只考虑即时奖励，智能体会选择玩耍，但结果就是考试失败；如果考虑长期奖励，智能体会选择“先苦后甜”，当然实际情况可能比这复杂得多。

2.3　深度学习基础

深度学习作为目前机器学习领域最受关注的分支，是用于实现人工智能的关键技术。深度学习广泛地应用在工业与商业领域，如计算机视觉、语音识别、自然语言处理、机器翻译、医学图像分析和药物发现等领域。相比于传统的机器学习，深度学习不再需要人工的方式提取特征，而是自动从简单特征中提取、组合更复杂的特征，从数据中学习到复杂的特征表达形式，并使用这些组合特征解决问题。

早期的深度学习受到了神经科学的启发，深度学习可以理解为传统神经网络的拓展，如图 2 -3 -1 所示。二者的相同之处在于，深度学习采用了与神经网络相似的分层结构：系统是一个包括输入层、隐藏层、输出层的多层网络。但深度学习网络具有更多的层级，网络结构更为复杂，存在前馈、循环以及深度生成对抗网络等多种形式。

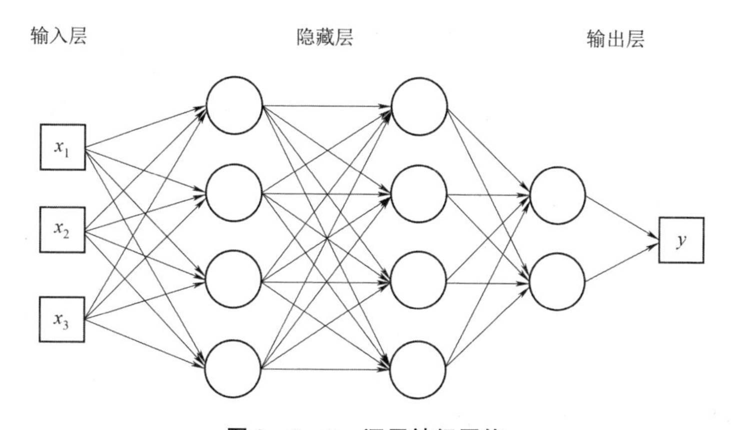

图 2 -3 -1　深层神经网络

简单来说，深度学习就是一种包括多个隐含层的多层感知机。它通过组合低层特征形成更为抽象的高层表示，用以描述被识别对象的高级属性类别或特征，在重复利用中间层计算单元的情况下，大大减少了参数的设定。深度学习通过学习一种深层非线性网络结构，只需依赖简单的网络结构即可实现复杂函数的逼近，并展现了强大的从大量无标注样本集中学习数据集本质特征的能力。深度学习可以获得更好的方法来表示数据的特征，同时由于模型的层次深、表达能力强，因此具有处理大规模数据的能力。对于图像、语音这种直接特征不明显（需要手工设计且很多没有直观物理含义的特征）的问题，深度学习模型能够在大规模训练数据上取得更好的效果。

虽然深度学习理论最初创立于20世纪80年代，但是由于计算资源的限制，以及数据量不足，所以早期提出的神经网络，大多规模很小，在一定程度上还不如传统的统计机器学习方法，而且神经网络的结构相对简单，因此并没有体现出神经网络的潜在价值。

深度学习是最近十来年才出现的概念，其在最近几年内出现井喷式增长，成为人工智能领域炙手可热的研究方向。深度学习的诞生伴随着更优化的算法、更高性能的计算能力（GPU）和更大数据集的时代背景，使得它一出现就引起了巨大的轰动。

首先提到的就是算法的优化，以Hinton在2006年提出了深度信念网络并成功训练了多层神经网络为起点，后来的研究人员在这一领域不断开拓创新，提出了越来越优秀的模型，并把它应用到各个场景。深度学习崛起的另一条件是强大计算能力的出现，以前提到高性能计算，人们能想到的都是CPU集群，现在进行深度学习研究使用的都是GPU，使用GPU集群可以将原来一个月才能训练出的网络加速到几个小时完成，时间上的大幅缩短使得研究人员训练了大量的网络。除了硬件飞速发展为其提供了条件外，深度学习还得到了充分的燃料：大数据。随着大型互联网公司的出现，大规模的数据集变得触手可得。相较传统的神经网络，尽管在算法上确实简化了深度架构的训练，但最重要的进展是有了成功训练这些算法所需的资源。可以说，人工智能只有在数据的驱动下才能实现深度学习，不断迭代模型，变得越来越智能。因此想要持续发展深度学习技术，算法、硬件和大数据缺一不可，切不可顾此失彼。同时，Google、Facebook等公司开源了Tensorflow、Caffe、PyTorch等深度学习框架，对深度学习的应用与传播起到了重要的推动作用。

深度学习是在人工神经网络的基础上发展而来的，只是在网络结构上引入了更多的隐藏层，网络的结构也更为多样复杂。常见的网络结构有前馈网络、记忆网络以及图网络。

在前馈网络中，各个神经元属于不同的层，每一层可以接收上一层的输出为输入，并产生信号输出到下一层。网络的第 0 层为输入层，最后一层为输出，其他层均为隐藏层。常见的前馈网络有卷积神经网络（convolutional neural network，CNN）。

记忆网络也称为反馈网络，网络中的神经元不但可以接收来自上一层神经元的信息，也可以接收来自自身的信息；记忆网络中的神经元具有记忆功能，在不同时刻具有不同状态。常见的记忆网络有循环神经网络（recurrent neural network，RNN）、玻尔兹曼机等。

前馈网络和记忆网络的输入都可以表示为向量或向量序列，但在实际应用中，如知识图谱、社交网络、分子网络等都是图结构的数据，这类数据网络需要用图网络来表达。在图网络中，每个节点由一个或一组神经元构成，节点之间的连接可以是有向的，也可以是无向的，每个节点可以接收来自相邻节点或者自身的信息。常见的图网络有图卷积网络、图注意力网络等。

深度学习中有 4 种典型算法，分别是 CNN、RNN、生成对抗网络（generative adversarial network，GAN）和深度强化学习。

CNN 是一种前馈神经网络，广泛应用在图片分类和检索、目标检测、图像分割和语音识别等领域。它由一个或多个卷积层和顶端的全连通层组成，同时也包括关联权重和池化层。这一结构使卷积神经网络能够利用输入数据的二维结构。与其他深度学习结构相比，卷积神经网络在图像和语音识别方面能够给出更好的结果。相比其他深度、前馈神经网络，CNN 需要考量的参数更少，使之成为一种颇具吸引力的深度学习结构。

RNN 是一种记忆网络，它以序列数据为输入，在序列的演进方向进行递归且所有节点按链式连接。RNN 广泛应用于文本生成、语音识别、机器翻译、生成图像描述和视频标记等领域。但是由于 RNN 存在严重的短期记忆问题，而对长期数据影响很小，于是基于 RNN 出现了 LSTM 等变种算法。这些变种算法可以有效保留长期信息并挑选重要信息保留。

GAN 是由伊恩·古德费洛等于 2014 年提出的一种对抗网络。这个网络框架包含两个部分，即一个生成模型和一个判别模型。其中，生成模型可以理解为一个伪造者，试图通过构造假的数据骗过判别模型的甄别；判别模型可以理解为一个警察，尽可能甄别数据是来自真实样本还是伪造者构造的假数据。两个模型都通过不断的学习提高自己的能力，即生成模型希望生成更真的假数据骗过判别模型，而判别模型希望能学习如何更准确地识别生成模型的假数据。GAN 在按文本生成图像、提高图片分辨率、药物匹配、检索特定模式图片等任务中展现出优越的性能。

深度强化学习将在下一节中进行具体介绍。

深度学习凭借其强大的学习能力、广泛的覆盖范围和优越的可移植性，已经广泛地被应用于各个领域。但值得注意的是，深度学习不是万能的，像很多其他方法一样，它需要结合特定领域的先验知识或其他方法才能得到最好的结果。此外，类似于神经网络，深度学习的另一局限性是可解释性不强，像个“黑箱子”一样难以解释为什么能取得好的效果，以及不知如何有针对性地改进，而这有可能成为它前进过程中的阻碍。

2.4 深度强化学习基础

2.4.1 强化学习概述

强化学习用于描述和解决智能体（agent）在与环境（environment）的交互过程中通过学习策略以达成回报最大化或实现特定目标的问题。强化学习参考了人类的学习思路，即通过实践来学习，具体来说，智能体在一系列离散时刻与环境互动，其中环境具有自己的状态模型，如果当前智能体采取的动作对目标实现有利，则会收到环境一个正面的奖励值；反之，如果智能体采取了不好的动作，则会收到一个负面的奖励值，在这个交互式错的过程中，智能体会学习到采取能最大化目标奖励的动作。其基本过程如图 2-4-1 所示，在时刻 t，智能体观察到环境状态（state）$s_t \in S$，然后根据当前策略（policy）π 采取动作（action）$a_t \in A$，其中 S 和 A 分别是状态和动作的取值集合。环境状态由于智能体采取的动作而发生变化，转移到下一时刻状态 s_{t+1}，并且环境会反馈给智能体一个延时奖励（reward）r_{t+1}用以衡量智能体 t 时刻的性能。然后智能体会根据新的环境状态继续选择下一个合适的动作，环境状态继续变化并反馈新的奖励值，如此反复直到达到环境的终止状态或规定的终止条件。

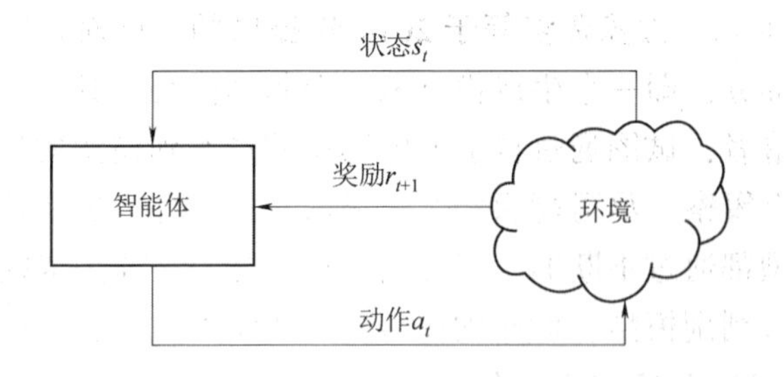

图 2-4-1 强化学习的基本过程

智能体、环境、状态、动作和奖励是强化学习的五个基础元素。此外，

上面提到的策略 π 是智能体选择动作的准则，一般表示为智能体在状态 s 下选择动作 a 的概率，即 $\pi_t(a|s)=P(a_t=a|s_t=s)$，$a\in A$，$s\in S$。通常智能体会选择概率最大的动作，但是这会导致一些较好的但没有执行过的动作被错过，因此在训练选择最优动作时，会有一定的概率 ε 选择其他的动作，这个概率也被称作探索率。为了衡量当前策略的好坏，又引入了价值函数（value function）的概念，用以表示根据策略 π 在当前状态下采取动作后的价值，这个价值通常是一个期望函数。虽然智能体执行完当前动作后会收到来自环境的一个延时奖励 r_{t+1}，然而只依靠收到的延时奖励来评估性能是不够的，这是由于当下的延时奖励值大，不意味着后续时刻的未来奖励值也大，所以价值函数价值要综合考虑当前的延时奖励和后续的延时奖励，一般定义为 $V^{\pi}(s)=E_{\pi}[R_t|s_t=s]$，其中 $R_t=\sum_{\tau=0}^{\infty}\gamma^{\tau}r_{t+1+\tau}$ 是累计衰减奖励和，$\gamma\in[0,1)$ 是衰减因子，用以表示未来奖励对当前价值的重要程度。不同算法对于价值函数的定义会有一些变化，但基本思路相同。$V^{\pi}(s)$ 越高表明该策略越好，智能体的目标就是要通过不停的迭代互动找到使价值函数最高的那个最优策略 π^*。此外，环境具有自己的状态转移模型，可以理解为一个概率模型，即在某一状态 s 下采取动作 a 后环境转移到下一状态 s' 的概率，表示为 $P_{ss'}^{a}$，状态转移模型是环境的属性，智能体往往是很难获知的。

2.4.2　深度强化学习概述

强化学习具备很强的智能决策能力，但是缺乏泛化能力。以强化学习中比较经典的 Q - learning 算法为例，Q - learning 通过维护一个 Q 值表来保存各个状态下的价值，当研究问题的动作和状态空间比较小时这种方式比较适用，但随着动作或状态空间维度增加，Q 值表也会急剧增大，导致收敛过慢；而且当出现一个之前没有出现过的状态时，Q - learning 是无法计算相应 Q 值的，也就是说 Q - learning 缺乏泛化能力，或者说根本没有预测功能。为了使 Q - learning 能够带有预测能力，考虑到用神经网络来近似拟合 Q 值，于是出现了深度强化学习（DRL）方法论。深度强化学习将深度学习的感知能力和强化学习的决策能力相结合，为复杂系统的感知决策问题提供了解决思路。目前 DRL 的算法主要有基于价值函数（value - based）的、基于策略（policy - based）的和二者相结合的演员 - 评论家（actor - critic）类的。

value - based 类主要包括由 Q - learning 演化而来的 DQN 及其一些变种，如 double DQN(DDQN)、prioritized replay DQN、dueling DQN 等，这类算法通过神经网络来近似表示价值函数。在算法训练过程中，损失函数是神经网络预测的价值与目标价值之间的差值，通过梯度下降的方式更新网络参数以最小化目标函数，最后得到一个尽可能拟合真实价值函数的神经网络，智能体选择动作时则是尽可能选择使价值函数最大的动作。这类算法也有以下几点不足：

（1）只能处理离散动作问题，对于具有高维连续动作空间的问题基本无法处理。

（2）对状态受限时的问题处理效果不好。在获取状态空间中某一状态的特征信息时，由于智能体观察的局限性或者系统建模的不完善，两个完全不同的状态具有一样的特征信息，此时 value - based 类算法很难找到最优策略。

（3）对于最优解决方案是随机策略的模型无法处理。value - based 类算法基本思路是在所有可能的动作价值中挑选使得数值最大的行为，这种情况下的最优解决方案往往是确定性策略，而部分情况下的最优解决方案有可能是随机的策略，这类问题也是难以借助 value - based 类算法解决的。

由于以上原因，人们思考直接求解策略的方法即 policy - based 类，也就是比较典型的策略梯度（policy gradient，PG）方法，这类算法直接通过神经网络拟合策略 π 即智能体在状态 s 下选择不同动作的概率，神经网络更新时用到的损失函数是价值函数的负值，即神经网络参数是朝着最大化价值函数的方向进行更新的。传统的 PG 算法需要经历一个完整的迭代过程即智能体从开始时刻到终止状态的整个交互过程，以获得整个过程所有的奖励值来计算价值函数，同时单独对策略函数进行回合更新，这致使学习的速率减慢，降低了学习效率。而 value - based 类的算法可以通过神经网络分别预测单独一个交互步的价值函数，完成单步的更新，考虑将二者结合形成 actor - critic（AC）算法，其中 actor 网络输出策略来选择动作，critic 网络计算价值函数来评价 actor 所选动作的好坏，二者不断迭代更新神经网络参数以找到最优策略。

普通的 AC 算法面临难以收敛的问题，需要进一步优化，其中比较流行的有 deep deterministic policy gradient（DDPG）算法和 asynchronous advantage actor - critic（A3C）算法。2015 年，谷歌发表论文借鉴 DQN 和 DPG 的思想提出了 DDPG 算法，把深度强化学习推向了连续动作空间问题。DDPG 借鉴了 DQN 的经验回放和目标网络思想，actor 和 critic 各有两个神经网络（当前网络和目标网络），当前网络负责与环境互动并更新参数，目标网络负责参数更新时计算目标值，定期用当前网络参数来更新目标网络参数。A3C 也用到了经验回放，不过它进一步考虑到利用多进程的方法做到了异步并发的学习模型，即在几个进程里分别和环境互动，获得相互独立的数据，然后用这些经验数据去更新公共的神经网络的参数，并定期复制公共网络的参数来更新各自进程里的神经网络参数，这种方式使各个进程能更好地和环境互动，拿到更高品质的经验数据来帮助模型更快收敛。

2.5　本章小结

在过去的几十年里，机器学习顺应了大数据时代的发展要求，提供了一系列能对数据进行有效处理的算法，为其他众多交叉学科提供了技术支持，受到广泛关注。同时，机器学习的一些分支技术如深度学习、深度强化学习在近年来也取得了巨大发展，更新、更优的算法层出不穷，推动了计算机科学众多分支学科的发展进步。本章简单介绍了一下机器学习系列算法的理论基础，通过简要推导介绍了一些经典算法，但是只用一小章很难将机器学习系列算法一一呈现，详细内容还请读者参考相应的引用文献。

第3章

基于非对称卷积的D2D链路的信道状态信息反馈

3.1 引　　言

大规模天线技术是未来无线通信系统中的关键技术之一，具有高频谱效率以及大容量链路等优势。获得这些优势的前提是向基站（BS）反馈质量较高的信道状态信息（CSI）。然而，大规模天线系统中，由于天线数量很多，形成了庞大的CSI矩阵，导致无法在信道容量受限的条件下完整反馈CSI。

为了突破CSI反馈中的这一技术瓶颈，近年来基于深度学习的自编码器获得了广泛关注。东南大学金石教授团队最先提出CsiNet，验证了其较传统压缩感知（compress sensing，CS）方案的巨大优势。以此为基础，该团队又提出了CsiNet+并加入了信道传输量化的考量。基于CsiNet，大多数基于深度学习的后续方法利用更强大的深度学习块构建，以牺牲计算开销来获得更好的性能。CsiNet-LSTM和attention-CSI引入了LSTM，显著增加了计算开销。DS-NLCsiNet采用非本地阻塞提高其捕获长程相关性的效率。CsiNet+和DS-NLCsiNet的计算开销约比CsiNet分别高6和2.5倍。近年来，一些降低复杂度的方法开始出现，如JCNet和BcsiNet，但它们的性能也有所下降。文献［98］利用深度循环网络来开发通道相关性。在这之后，CRNet在网络中使用了多分辨率架构，并强调了训练方案的重要性。此外，文献［100］提出了ConvCsiNet，其中网络基于卷积，同时也提出了ShuffleCsiNet，以使编码器部分轻量化。然而，上述模型的性能可以进一步提高，尤其是在户外场景中。此外，在实际部署中，还需要考虑模型的参数量和泛化能力。

本章设计了一个名为Asy-CSINet的自编码器网络，深入研究了解码器的部分并使用了非对称卷积块来进一步提高网络性能。此外，我们使用深度可分离卷积来减轻编码器端，从而保留网络的基本结构。在实际部署中，不同的压缩比和不同的场景对应不同的神经网络。本章还探索了多模型综合集成的可能性，以进一步减少需要存储在用户设备中的参数数量。

本章的主要贡献包括三个方面。首先，提出了自编码器框架 Asy - CSINet。由于更深的解码器端和非对称卷积模块的使用，户外场景的性能得到了极大的提升。其次，在 Asy - CSINet 的基础上，引入了一个算法裁剪模型 Asy - CSINet - 1，其性能虽然略有下降，但更适合用户端。最后，还讨论了多速率融合方案和多场景融合方案，大大提高了网络的泛化能力。

3.2　带有大规模天线的 D2D 链路间 CSI 反馈架构

考虑单小区频分双工大规模天线系统，其中 N_t（$N_t \gg 1$）发射天线部署在基站，N_r接收天线部署在每个用户设备上。为简化分析，设置$N_r = 1$。在该模型中使用具有 $\widetilde{N}_c$个子载波的正交频分复用信号，第 n 个子载波接收到的信号可以表示为：

$$y_n = \tilde{h}_c^H v_n x_n + z_n \tag{3-2-1}$$

式中，$x_n \in C$ 和 $z_n \in C$ 为数据符号和加性噪声，$\tilde{h}_n \in C^{N_t}$和$v_n \in C^{N_t}$表示下行信道响应向量和预编码向量。在空间频域，由$\widetilde{N}_c$个信道响应向量组成的 CSI 矩阵 $\widetilde{\boldsymbol{H}}$ 可以表示为：

$$\widetilde{\boldsymbol{H}} = [\tilde{h}_n, \tilde{h}_n, \cdots, \tilde{h}_{\widetilde{N}_c}] \in C^{N_t \times \widetilde{N}_c} \tag{3-2-2}$$

在频分双工系统中，上行信道和下行信道之间不存在互易性。为了设计预编码向量v_n，用户必须首先估计 CSI 矩阵 $\widetilde{\boldsymbol{H}}$ 并通过反馈链路将其发送给基站，CSI 矩阵由 $N_t \times \widetilde{N}_c$个复数组成，这对于反馈链路来说是不可接受的开销。

如文献［90］中所述，CSI 矩阵$\widetilde{\boldsymbol{H}}$在角延迟域中是稀疏的，这使得它更容易压缩。因此，使用二维离散傅里叶变换将空间频域 CSI 矩阵转换为角延迟域，如式（3 - 2 - 3）所示：

$$\boldsymbol{H} = F_c \widetilde{\boldsymbol{H}} F_t^H \tag{3-2-3}$$

式中，F_c和F_t分别是具有$\widetilde{N}_c \times \widetilde{N}_c$和$N_t \times N_t$个元素的 DFT 矩阵。在角延迟域中，由于多径的到达时间延迟是有限的，只有前N_c行包含有意义的非零值。$\boldsymbol{H}$ 的其余行非常接近于 0，删除它们并不会带来很多损失。基于此结论，只保留 $\boldsymbol{H}$ 的前N_c行，这将传输开销减少到$N_c \times N_t$。为了便于分析，仍然使用 $\boldsymbol{H}$ 来表示剩余的$N_c \times N_t$矩阵。

通过上述方法，虽然矩阵 $\boldsymbol{H}$ 的规模大大减小，但其传输开销仍然很大，可以进一步压缩。传统的基于 CS 的方法在 $\boldsymbol{H}$ 是稀疏的假设下压缩 $\boldsymbol{H}$。然而，该假设仅在发射天线数 $N_t \to \infty$ 时成立，这在实际系统中是不可实现的。假设与实际系统之间的差距导致了性能问题。如果没有这样的假设，基于深度学习的框架可以更好地工作。

本章忽略了 CSI 估计的过程，假设可以得到完美的 CSI 矩阵。一旦用户估计 CSI 矩阵 $\boldsymbol{H}$，编码器则将 $\boldsymbol{H}$ 压缩为长度为 M 的码字，因此压缩比可以表示为：$CR = \frac{2\,N_c \times N_t}{M}$。

3.3 自编码器网络与非对称卷积模型

在本节中，提出了一个名为 Asy - CSINet 的自动编码器框架。此外，还提出了一种简单的算法剪裁的解决方案，最后介绍了多速率多模型集成策略。

3.3.1 基于非对称卷积的 CSI 反馈网络（Asy - CSINet）

深度学习在计算机视觉任务中显示出巨大潜力。幸运的是，CSI 矩阵可以看作是具有实部和虚部的两通道图像。基于此，提出的 Asy - CSINet 如图 3 - 3 - 1 所示。所有方形卷积核的大小为 3 × 3。在每个卷积层之后使用 LeakyRelu 和批量归一化。与现有的基于深度学习的网络相比，Asy - CSINet 有两个主要特点，分别如下所述。

3.3.1.1 非对称卷积模块的使用

Asy - CSINet 的基本结构由编码器端和解码器端的多个卷积层组成，同时避免使用全连接层。最直观的想法是，如果可以加强卷积层的性能，整个网络的性能就会得到相应的提升。因此，我们提出了编码非对称卷积模块（encoding asymmetric convolution block，EACB）和解码非对称卷积模块（decoding asymmetric convolution block，DACB）。每个 EACB 由一个非对称卷积模块和随后的平均池化层组成，而每个 DACB 由一个上采样层和一个随后的非对称卷积模块（AC - block）组成。非对称卷积模块的主要思想是通过添加两个条纹卷积来增强方形卷积核。如图 3 - 3 - 1 所示，非对称卷积模块层的输出是三个路径的总和。在功能上，非对称卷积模块中的条带卷积是为了加强整体网络框架，一些试验已经验证了其在计算机视觉任务中的优越性，这里在无线通信领域使用 EACB。

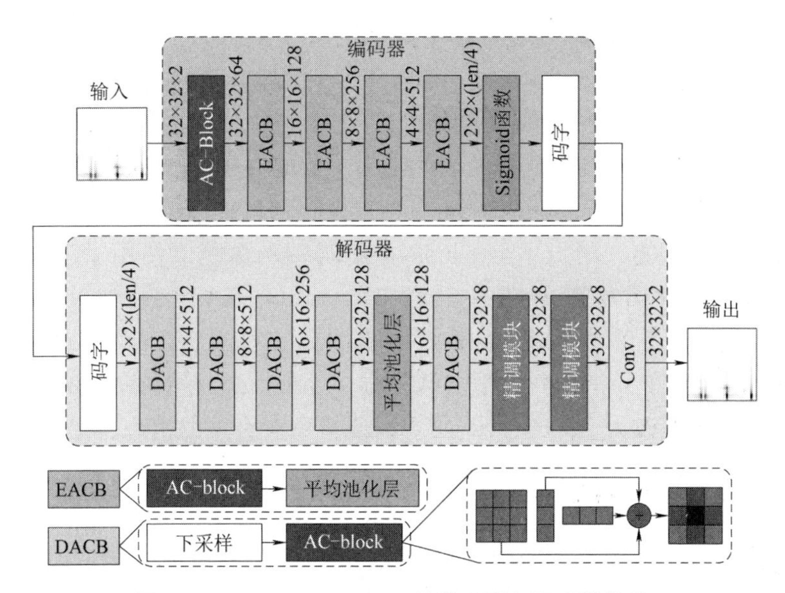

图 3-3-1　Asy-CSINet 的编码器与解码器结构

非对称卷积模块的另一个优点是它只增加了训练阶段的参数数量。在部署阶段，它可以等效地转换为标准的卷积结构，这意味着可以使用非对称卷积模块而不需要额外的开销。从非对称卷积模块到标准卷积的转换依赖于卷积的可加性。对于以 $I \in R^{U \times V \times C}$ 作为输入和 $O \in R^{R \times T \times D}$ 作为输出的卷积运算，需要 D 个卷积核 $F \in R^{H \times W \times C}$。那么 O 的第 j 个通道是：

$$O_{:,i,j} = \sum_{k=1}^{C} I_{:,:,k} * F_{:,i,k}^{(j)} \tag{3-3-1}$$

式中，$*$ 表示卷积算子，$F_{:,i,k}^{(j)}$ 表示第 k 个通道中的第 j 个卷积核。输出通道 $O_{:,i,j}$ 上的输出点 y 可以用滑动窗口的形式表示：

$$y = \sum_{c=1}^{C} \sum_{h=1}^{H} \sum_{w=1}^{W} F_{h,w,c}^{(j)} X_{h,w,c} \tag{3-3-2}$$

式中，X 表示对应位置的滑动窗口。这个公式说明了卷积的一个重要性质：如果多个卷积核共享同一个滑动窗口 X，当它们以相同的步幅应用于相同的输入以生成具有相同分辨率的输出时，它们的输出之和等于单个卷积算子使用内核的总和，即便使用的内核大小不同，如等式所示：

$$I * F^{(1)} + I * F^{(2)} = I * [F^{(1)} \oplus F^{(2)}] \tag{3-3-3}$$

非对称卷积模块中的三个并行卷积核共享同一个滑动窗口，这意味着它可以通过式（3-3-3）进行转换。更多的转换细节可以在文献［101］中找到。

3.3.1.2 加深的网络编码器结构

在室内场景中，CSI 矩阵的非零点很少，而在室外场景中，由于非零点变得分散和模糊，CSI 矩阵更加复杂。一般来说，更多的特征总是需要更大的网络来丰富计算机视觉领域的表达能力。但是在编码器端，参数太多是不可接受的，难以部署。解码端存储在具有足够计算能力的基站中。迁移计算机视觉领域的经验，增加了 ConvCsiNet 解码端的深度。使用了五个 DACB。五个 DACB 的输出通道分别为 512、512、256、128、8。值得注意的是，DACB 中包含的上采样操作会使特征图的大小增大一倍，因此在第 4 个 DACB 之后运行了一个额外的平均池化层。此外，还将 Refine - Block 中卷积层的输出通道更改为 8、16、16、8，以便将更多有用的信息传递给后续层。

3.3.2 Asy - CSINet 的算法裁剪

虽然提出的 Asy - CSINet 可以处理 CSI 压缩和解压缩问题，但实际部署必须考虑参数的量。在无线通信系统中，移动通信得到了广泛的应用，这意味着编码器不能包含太多的参数。我们采用了一种简洁的算法裁剪方法 Asy - CSINet - l。受 MobileNet 的启发，使用深度可分离卷积来使编码器更加轻量化。通过将 EACB 的非对称卷积模块替换为深度可分离卷积，编码器端的参数数量显著减少，同时保留了原始结构。

本章也尝试直接使用 MobileNet 来裁剪 ACCsiNet 的编码器结构，即形成 MobileNet - en。Asy - CSINet - l 使用平均池化层来减小特征图的大小，而对于 MobileNet - en，使用步长为 2 的深度可分离卷积来达到相同的效果。

3.3.3 多速率集成和多场景集成

在实际的通信系统中，压缩率可能会随着环境的变化而变化。试验中使用的压缩率是 16、32、64，这意味着用户端需要为三个不同的压缩率存储三个不同的编码器网络，导致实际中难以实现。为了处理这样的问题，本章提出了一个名为 Asy - CSINet - mr 的多速率网络。Asy - CSINet - l 仅包含卷积层，前一个卷积将特征提取到高维通道，而最后一个卷积层根据压缩率减少输出维度。所以让不同压缩率的编码器网络共享前面卷积层的参数，只有最后一个卷积层是分开的。该模型如图 3 - 3 - 2 所示，三个并行输出卷积层对应三个压缩率（16，32，64）。经过网络的公共部分后，进行压缩率选择，选择某个输出层。在基站端，由于其存储空间大，不同的压缩率对应不同的解码器网络，因此基站中可以存储三个解码器。

在许多计算机视觉任务中，一个深度神经网络可以同时处理多个数据。

同样，CSI 矩阵在实际应用中会随着环境不断变化，因此需要不断切换压缩和重构模型，进一步探索多场景集成的可能性。

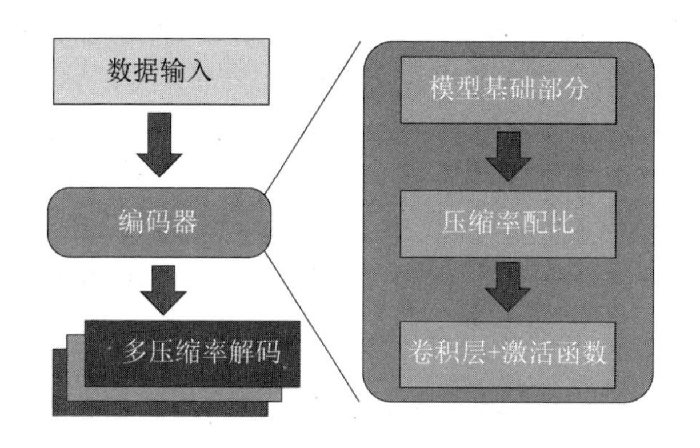

图 3-3-2　多速率集成模型架构

3.4　试验结果及分析

3.4.1　试验设置

为了公平地比较试验结果，本章使用与 CsiNet 相同的数据集。所有通道矩阵均由 COST 2100 生成。考虑两种典型场景，包括 5.3 GHz 的室内场景和 300 MHz 的室外场景。在基站端，采用了 $N_t=32$ 和 $N_c=1\,024$ 的均匀线性阵列模型。转换为角延迟域后，仅保留前 $N_c=32$ 行。试验中使用的压缩率为 16、32 和 64。总共 150 000 个生成的 CSI 矩阵被分为训练、验证和测试数据集，分别由 100 000、30 000 和 20 000 个样本组成。

在训练阶段，使用自适应矩估计优化器来更新可训练参数。均方误差（mean squared error，MSE）被计算为损失函数。总训练轮次和每次的批次大小分别设置为 500 和 200。受 CRNet 启发，使用余弦退火学习率（learning rate，LR）和预热来加速参数收敛。不同的是每批次而不是每个时期都改变 LR，那么 LR 可以表示为：

$$\eta=\eta_{\min}+\frac{1}{2}\left(\eta_{\max}-\eta_{\min}\right)\left[1+\cos\left(\frac{i-N_w}{N_s-N_w}\pi\right)\right] \tag{3-4-1}$$

式中，$\eta_{\max}$，$\eta_{\min}$分别代表初始的 LR 和最终的 LR。i，N_w和N_s分别是当前步数、预热阶段的步数和总步数。在预热阶段，根据余弦退火函数，LR 线性增加到$\eta_{\max}$，然后 LR 非线性减小到$\eta_{\min}$。在训练阶段之后，学习到的超参数可以集成到方核卷积中，从而消除非对称卷积模块带来的开销。

对于评估指标，使用归一化均方误差（normalized mean squared error, NMSE）和余弦相似度 ρ 来表示重建误差。

归一化均方误差用于计算原始 CSI 的 $\boldsymbol{H}$ 和解压缩的 CSI 的 $\widehat{\boldsymbol{H}}$ 之间的距离：

$$\mathrm{NMSE}=E\left(\frac{\|H-\widehat{H}\|_2^2}{\|H\|_2^2}\right) \tag{3-4-2}$$

为了与之前的模型进行比较，还计算了余弦相似度 ρ：

$$\rho = E\left(\frac{1}{\widehat{N}_c}\sum_{n=1}^{\widehat{N}_c}\frac{\|\widehat{\tilde{h}}_n^H\tilde{h}_n\|}{\|\tilde{h}_n\|_2\ \|\tilde{h}_n\|_2}\right) \tag{3-4-3}$$

式中，第 n 个子载波的重构信道向量由 $\widehat{h}_n$ 表示，使用波束成形向量 $\boldsymbol{v}_n=\frac{\widehat{\tilde{h}}_n}{\|\tilde{h}_n\|_2}$，因此将获得等效信道 $\frac{\widehat{\tilde{h}}_n^H\widehat{\tilde{h}}_n}{\|\widehat{\tilde{h}}_n\|_2}$。

3.4.2 Asy – CSINet 性能评估

将 Asy – CSINet 与一些基于深度学习的方法进行比较，例如 CsiNet 等。试验结果总结在表 3 – 4 – 1 中。

为了探索影响模型性能的因素，将 Asy – CSINet 中的非对称卷积模块替换为卷积层，其结果显示在表 3 – 4 – 1 中。对于户外场景，与之前的研究相比，性能提升相当可观。Asy – CSINet – conv 和 ConvCsiNet 的区别在于解码器端的更深层。室内场景的 CSI 矩阵比较简单，因此较大的模型并不能大大提高性能。对于室外 CSI 矩阵，特征点更加复杂和分散，使用更深的网络可以丰富表达能力，从而获得更高的性能。此外，还使用了带有不同滤波器的 DACB 层，添加更多滤波器时性能会提高，但解码器端的参数数量也会大大增加。在试验中，选择添加一个具有 512 层输出的额外 DACB，以平衡性能和参数数量。

使用非对称卷积模块后的结果显示在“Asy – CSINet”中，这表明使用非对称卷积模块可以进一步提高性能。非对称卷积模块通过添加两个带状卷积更好地关注水平和垂直特征。正如文献［101］中所解释的，卷积核的骨架是核心部分，两个额外的带状卷积显著增强了骨架，从而在训练阶段丰富了特征空间。值得注意的是，Asy – CSINet 对 Asy – CSINet – conv 的性能提升在室内场景下较小。试验现象表明，改进还取决于 CSI 矩阵的复杂性。室内性能主要受压缩率限制，而室外性能可以通过使用更强大的工作模块来提高。

表 3-4-1　不同压缩率 CR 下 NMSE、ρ（余弦相似度）性能对比

1/CR	方法	室内		室外	
		NMSE/dB	ρ	NMSE/dB	ρ
1/16	LASSO	-2.722	0.700	-1.010	0.459
	CsiNet	-8.712	0.936	-4.758	0.801
	CRNet	-10.521	0.950	-5.198	0.821
	ConvCsiNet	-14.097	0.978	-6.534	0.869
	Asy - CSINet - conv	-14.581	0.980	-10.558	0.935
	Asy - CSINet	-14.590	0.981	-11.759	0.944
	ShuffleCsiNet	-13.794	0.977	-6.364	0.857
	Asy - CSINet - l	-14.814	0.981	-11.280	0.942
	MobileNet - en	-12.102	0.962	-10.273	0.931
1/32	LASSO	-1.033	0.482	-0.238	0.261
	CsiNet	-6.828	0.898	-3.118	0.711
	CRNet	-8.025	0.916	-3.240	0.714
	ConvCsiNet	-9.666	0.945	-5.741	0.839
	Asy - CSINet - conv	-10.502	0.954	-8.357	0.903
	Asy - CSINet	-10.997	0.959	-9.135	0.916
	ShuffleCsiNet	-9.452	0.941	-5.510	0.825
	Asy - CSINet - l	-10.371	0.953	-8.866	0.912
	MobileNet - en	-8.774	0.910	-7.04	0.899
1/64	LASSO	-0.141	0.218	-0.06	0.121
	CsiNet	-5.503	0.861	-1.810	0.580
	CRNet	-5.854	0.861	-1.977	0.593
	ConvCsiNet	-7.240	0.902	-4.558	0.785
	Asy - CSINet - conv	-7.424	0.907	-6.821	0.869
	Asy - CSINet	-7.463	0.908	-7.108	0.876
	ShuffleCsiNet	-7.252	0.901	-4.013	0.772
	Asy - CSINet - l	-7.172	0.901	-6.803	0.868
	MobileNet - en	-6.726	0.866	-4.974	0.815

在传统的 CRNet 中，通过使用不同的核大小来提供多分辨率的能力，而在所提出的 Asy - CSINet - conv 中，为了发现各种尺度的特征，特征图的大小逐渐改变并使用固定大小的核进行提取。可以看出，渐进式特征提取使 Asy - CSINet - conv 的性能优于 CRNet。

3.4.3 Asy - CSINet - l 性能评估

ShuffleCsiNet 使用 Shuffle Network（SN）来减少 ConvCsiNet 的参数，本章使用一种更简洁的方法来裁剪编码器网络。为了保留原始神经网络的优越性，利用深度可分离卷积来替换 EACB 中的非对称卷积模块，即 Asy - CSINet - l，结果如图 3 - 4 - 1 和图 3 - 4 - 2 所示。由于保留了原始网络结构，Asy - CSINet - l 的性能在室内和室外场景中都只略有下降。但是，部署阶段的参数和浮点运算的数量大幅减少，这对 UE 的存储非常有利。MobileNet - en 的试验结果也如图 3 - 4 - 1 所示，这表明用深度可分离卷积替换非对称卷积模块优于用 MobileNet 替换整个编码器，原因是深度可分离卷积更适合替代固定网络结构中的标准卷积层。

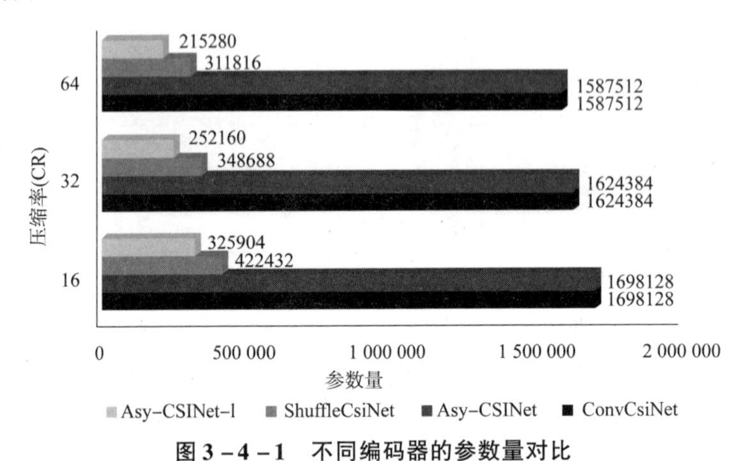

215280
311816
64
1587512
1587512
252160
348688
压缩率(CR)
32
1624384
1624384
325904
422432
16
1698128
1698128
0
500 000
1 000 000
1 500 000
2 000 000
参数量
Asy-CSINet-l
ShuffleCsiNet
Asy-CSINet
ConvCsiNet

图 3 - 4 - 1　不同编码器的参数量对比

6987904
11403392
64
58073216
58073216
7135360
11550720
压缩率(CR)
32
58220544
58220544
8020096
11845632
16
58515456
58515456
0
10 000 000
20 000 000
30 000 000
40 000 000
50 000 000
60 000 000
浮点数
Asy-CSINet-l
ShuffleCsiNet
Asy-CSINet
ConvCsiNet

图 3 - 4 - 2　不同编码器的浮点数对比

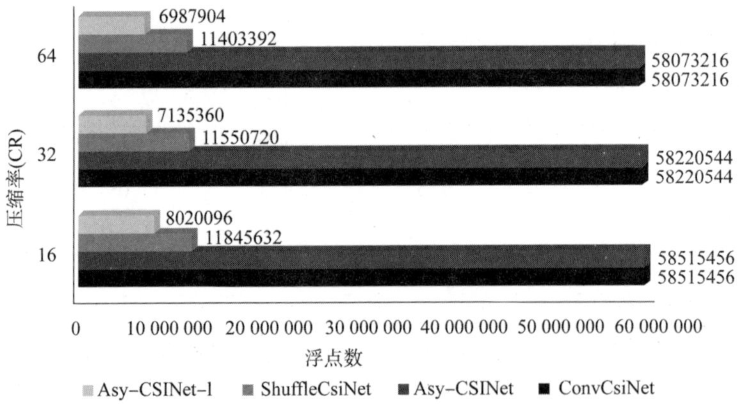

3.4.4　多模型综合集成的性能评估

为了提高泛化能力，本章在 Asy - CSINet - 1 的基础上提出了 Asy - CSINet - mr。只有编码器的最后一个卷积层是独立的，前面的所有层都是通用的，从而大大减少了多速率下的参数数量。在训练阶段，编码器的输出是三个压缩率的组合。解码器端的三个唯一网络对应三个压缩率。以端到端的方式训练网络，总损失是三个压缩率的总和。很明显，高压缩率的网络损失更大，为了平衡影响，在每个损失前面乘以一个加权项，可以表示为：

$$L_T(\theta) = c_{16}L_{16}(\theta_{16}) + c_{32}L_{32}(\theta_{32}) + c_{64}L_{64}(\theta_{64}) \qquad (3-4-4)$$

式中，L_N和θ_N是压缩率为 N 的均方误差损失和网络参数；c_N是乘法权重。在试验中，设置$c_{16} = 5.5$，$c_{32} = 2$ 和$c_{64} = 1$。不同模型的归一化均方误差性能对比如表 3 - 4 - 2 所示。

表 3 - 4 - 2　不同模型的归一化均方误差性能对比

sNMSE/dB	Asy - CSINet	Asy - CSINet - 1	Asy - CSINet - mr	Asy - CSINet - ms	Asy - CSINet - mrs
16/In	-14.59	-14.814	-14.44	-9.851	-9.343
32/In	-10.997	-10.371	-10.163	-8.753	-8.837
64/In	-7.463	-7.172	-6.509	-6.583	-6.507
16/OUT	-11.759	-11.28	-11.12	-10.161	-10.567
32/OUT	-9.135	-8.866	-9.035	-8.097	-8.458
64/OUT	-7.108	-6.803	-6.712	-6.389	-6.043

通过在编码器端重用部分参数，Asy - CSINet - 系列的场景数据集被提出。可以看到 Asy - CSINet - ms 仍然与 Asy - CSINet 保持接近最优，而存储在编码器和解码器端的参数量显著下降到原始的一半。在压缩率较低的室内场景中，Asy - CSINet - ms 的性能损失更为明显。但是，整体性能损失并不是很大。

进一步将 Asy - CSINet - mr 和 Asy - CSINet - ms 集成到一个模型中，即 Asy - CSINet - mrs。Asy - CSINet - mrs 的结果与 Asy - CSINet - ms 的结果非常接近。可以得出结论，影响 Asy - CSINet - mrs 性能的主要原因是多个场景的集成。

考虑三个压缩率不同的室内外场景，用户端需要存储的参数总数如表 3 - 4 - 3所示。通过使用深度可分离卷积，Asy - CSINet - 1 的参数数量比

Asy－CSINet 减少了 83%。对于 Asy－CSINet 和 Asy－CSINet－l，总共需要集成六个编码器模型。对于 Asy－CSINet－mr，集成了多速率模型，因此只需要两个编码器模型即可处理两种场景，因此与 Asy－CSINet－l 和 Asy－CSINet 相比，参数数量分别减少了约 45% 和 90%。最后，Asy－CSINet－mrs 集成了多场景模型，使用 Asy－CSINet－mrs 时只需要一个模型。

表 3－4－3 各模型参数量对比

模型	参数量/百万	百分比/%
Asy－CSINet	9.820 05	100
Asy－CSINet－l	1.586 69	16.2
Asy－CSINet－mr	0.873 104	8.9
Asy－CSINet－ms	0.793 344	8.1
Asy－CSINet－mrs	0.436 552	4.4

该试验为实际部署提供了指导，多速率集成方案可以大大减少参数，同时几乎没有性能损失。如果存储空间需要进一步压缩，可以考虑多场景集成方案。

3.5 本章小结

本章提出了使用 Asy－CSINet 来处理 CSI 反馈问题，通过使用非对称卷积模块和深度可分离卷积，不仅增强了网络的特征提取能力，而且大大减小了编码器端的质量。然后，进一步提出多模型综合集成方案，以增强网络的泛化能力。试验结果表明，所提出的 Asy－CSINet 极大地提高了归一化均方误差和 ρ 性能，特别是对于户外场景。最后，结果验证了算法剪裁和多模型综合集成方案都可以达到所提出的 Asy－CSINet 的最优性能，但减少了 83% 和 90% 以上的参数量。

第4章 基于机器学习的D2D通信中的智能波束选择

4.1 引　　言

毫米波（millimeter - wave，mmWave）车对车（vehicle - to - vehicle，V2V）通信在未来的车辆自组网（vehicular ad hoc network，VANET）中发挥着重要的作用。随着车辆车载单元（on - board units，OBU）的不断增加，可以支持数千个连接来提供各种本地服务，如高清（high definition，HD）地图、自动驾驶等。因此，对更大带宽和更高传输速率的要求促使了mmWave V2V 通信的发展。通过利用VANET中的mmWave大规模阵列来提高空间频谱效率，多个V2V用户（V2V users，VUE）可以实现与同一目标VUE对齐的定向模拟波束，从而同时提供并发传输。其中，近距离V2V通信可以大大减少毫米波传输的路径损耗。

mmWave V2V 通信的并发传输在之前的工作中已经被研究为一个重要的问题。这些方案都是基于传统的VUE发射机（VUE transmitter，VUE TX）选择合适的模拟波束来为目标VUE传输信号的方法。在文献［106］中，提出了一种具有波束跟踪和自愈合功能的波束管理方法，以保证mmWave通信的鲁棒性。文献［107］通过结合预编码矩阵来扩展波束的选择，以最大限度地提高下行传输速率。然而，这些方法通常评估所有可能的光束，并具有较高的计算复杂度。特别是当VANET中存在大量的VUE时，使用这些传统方法来提高系统鲁棒性、频谱效率等性能变得越来越困难。

作为最热门的人工智能（artificial intelligence，AI）技术之一，机器学习（machine learning，ML）或深度学习（deep learning，DL）是一种提高无线通信性能的非常有前途的方法。通过对网络的历史数据进行训练，可以提取出系统特征，进而提高通信的智能调制、智能波束管理等的性能。这些人工智能技术可以有效缓解高复杂性和高延迟问题，非常具有应用前景。

因此，在本章中，我们的研究工作提出了一种新的基于ML的mmWave

V2V 通信并发传输方法，其中提出了一种低复杂度且有效的模拟波束选择的方法。特别地，通过利用异构泊松点过程（heterogeneous poisson point process，HPPP）的随机分布对大量 VUE 进行建模，推导出了并发传输下 V2V 通信的平均和速率（average sum rate，ASR）。此外，将 VANET 中的所有 V2V 链路作为 ML 训练的大数据集，进一步提出了一种迭代一对一（one - to - one，1v1）支持向量机（support vector machine，SVM）分类器用于每个 VUE 的模拟波束选择。此外，我们还设计了一种迭代序列最小优化（sequential minimal optimization，SMO）训练算法，其中 VUE 发射机可以在并发传输过程中实现高效、低复杂度的模拟波束选择。最后，我们用 Google Tensorflow 进行 ML 训练和网络仿真。结果表明，我们提出的算法非常接近理论性能边界，但大大降低了计算复杂度。我们还证明了与传统的基于信道估计的方法相比，我们提出的算法可以实现更高的并发传输 ASR。

4.2　D2D 通信中多波束并发传输场景模型

我们将 mmWave VANET 建模为 HPPP Π_V，在二维平面 $\Re$ 上具有 V2V 链密度λ_V。V2V 链路是一对 VUE TX 和 VUE 接收器（VUE receiver，VUE RX）之间的通信链路，其中该 V2V 链路建立在 mmWave 频率上。因此，V2V 链路密度代表了单位面积内 V2V 链路的平均数量。所有 VUE 的 OBU 都支持 V2V 通信的 mmWave 海量 MIMO，其中天线数目为N_{OBU}。借助波束形成技术，天线前的每个射频（radio frequency，RF）链都有一系列的移相器，可以形成一个模拟光束并定向到目标 VUE。如图 4 - 2 - 1 所示，每个 VUE 可以形成一个定向波束，将信号发送到另一个 VUE，从而使多个 VUE 可以实现与同一目标 VUE 对齐的定向模拟波束，从而同时提供并发传输。如果由 OBU 进行信道估计，则可以知道每个 V2V 链路的信道状态信息。基于 Slivnyak 的理论，定义了 VUE 在原点的一个典型 RX，它不影响 HPPP 的统计性质。用 R 表示最大通信距离，接收机周围的平均 VUE TX 数可以写为

$$N_V = \lfloor \lambda_V \pi R^2 \rfloor \tag{4-2-1}$$

式中,$\lfloor \cdot \rfloor$ 是实际的 VANET 中的向下取整功能。将第 k 个 V2V 链路数据流定义为$d_{V,k}$，($1 \leqslant k \leqslant N_V$)将第 k 个 VUE 的 TX 功率定义为 $P_{V,k}$。VUE TX 的信号可以写成

$$\boldsymbol{s}_{V,k} = \boldsymbol{c}_{V,k} d_{V,k} \tag{4-2-2}$$

式中，$c_{V,k} \in \mathbb{C}^{N_{OBU} \times 1}$是第 k 个 VUE 的模拟波束，它通过使用移相器定向指向接收器。mmWave 信道的传播是基于扩展的 Saleh - Valenzudela 模型，其定义

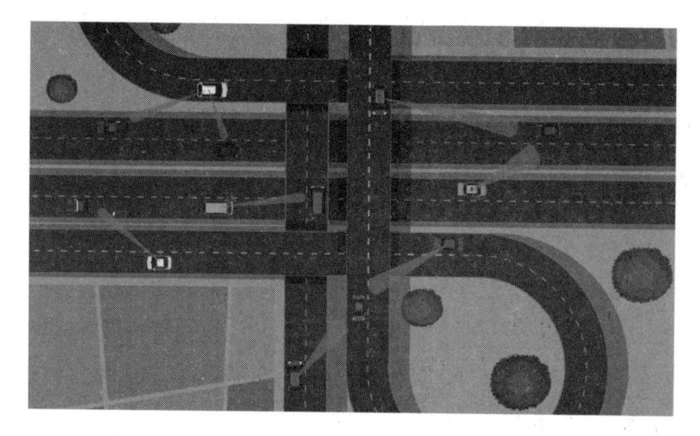

图4-2-1　mmWave V2V通信与并发传输

为窄带聚类信道模型，如下：

$$\boldsymbol{H}_{\mathrm{V},k} = \gamma \sum_{l=1}^{L} \alpha_{\mathrm{V},k,l}\, \boldsymbol{a}_{\mathrm{RV}}(\phi_{\mathrm{RV},k,l})\, [\boldsymbol{a}_{\mathrm{V},k}(\phi_{\mathrm{V},k,l})]^{H} \tag{4-2-3}$$

式中，$\gamma = \frac{N_{\mathrm{OBU}}}{\sqrt{L}}$，$L$是传播路径的数量，$\alpha_{\mathrm{V},k,l}$是第$l$条路径的复增益，且$\alpha_{\mathrm{V},k,l} \sim CN(0,\ 1)$，$\boldsymbol{H}_{\mathrm{V},k}$满足$\|\boldsymbol{H}_{\mathrm{V},k}\|_F^2 = N_{\mathrm{OBU}}^2$，其中，$\|\cdot\|_F$是矩阵的Frobenius范数。$\boldsymbol{a}_{\mathrm{RV}}(\phi_{\mathrm{RV},k,l})$和$\boldsymbol{a}_{\mathrm{V},k}(\phi_{\mathrm{V},k,l})$分别是每个V2V链路中RX和TX的天线阵列响应。$\phi_{\mathrm{RV},l}$和$\phi_{\mathrm{V},l}$是AoA和AoD的方位角，与RX和TX之间的第$l$条路径相关联。假设所有OBU的均匀线阵（uniform linear array，ULA）天线沿y轴部署。因此，阵列转向向量$\boldsymbol{a}_{\mathrm{RV}}(\phi_{\mathrm{RV},k,l})$和$\boldsymbol{a}_{\mathrm{V},k}(\phi_{\mathrm{V},k,l})$可以写成

$$\boldsymbol{a}_{\mathrm{RV}}(\phi_{\mathrm{RV},k,l}) = \frac{[1, \mathrm{e}^{\mathrm{j}\sigma D_{\mathrm{RV}}\sin(\phi_{\mathrm{RV},k,l})}, \cdots, \mathrm{e}^{\mathrm{j}\sigma D_{\mathrm{RV}}(N_{\mathrm{OBU}}-1)\sin(\phi_{\mathrm{RV},k,l})}]^{\mathrm{T}}}{\sqrt{N_{\mathrm{OBU}}}} \tag{4-2-4}$$

$$\boldsymbol{a}_{\mathrm{V}}(\phi_{\mathrm{V},k,l}) = \frac{[1, \mathrm{e}^{\mathrm{j}\sigma D_{\mathrm{V}}\sin(\phi_{\mathrm{V},k,l})}, \cdots, \mathrm{e}^{\mathrm{j}\sigma D_{\mathrm{V}}(N_{\mathrm{OBU}}-1)\sin(\phi_{\mathrm{V},k,l})}]^{\mathrm{T}}}{\sqrt{N_{\mathrm{OBU}}}} \tag{4-2-5}$$

式中，$\sigma = \frac{2\pi}{\lambda}$，$\lambda$为信号波长，$D_{\mathrm{RV}}$和$D_{\mathrm{V}}$为RX和TX处两个相邻ULA元素的间距。然后，所接收到的信号可以表示为

$$\begin{aligned} \boldsymbol{y}_{\mathrm{RV}} &= \boldsymbol{g}_{\mathrm{RV}} \sum_{k=1}^{N_{\mathrm{V}}} \boldsymbol{H}_{\mathrm{V},k}\, \boldsymbol{c}_{\mathrm{V},k}\, d_{\mathrm{V},k} + \boldsymbol{g}_{\mathrm{RV}}\boldsymbol{n} \\ &= \boldsymbol{g}_{\mathrm{RV}}[\boldsymbol{H}_{\mathrm{V},1}\boldsymbol{c}_{\mathrm{V},1}, \cdots, \boldsymbol{H}_{\mathrm{V},N_{\mathrm{V}}}\boldsymbol{c}_{\mathrm{V},N_{\mathrm{V}}}] \begin{bmatrix} d_{\mathrm{V},1} \\ \vdots \\ d_{\mathrm{V},N_{\mathrm{V}}} \end{bmatrix} + \boldsymbol{g}_{\mathrm{RV}}\boldsymbol{n} \end{aligned} \tag{4-2-6}$$

式中，$\boldsymbol{g}_{RV}=\begin{bmatrix} g_{RV,1} & \cdots & 0 \\ \vdots & \ddots & \vdots \\ 0 & \cdots & g_{RV,N_{OBU}} \end{bmatrix}$，该矩阵中的每个对角元素表示接收天线的移相值。然后，使用零强迫（zero forcing，ZF），信号转为

$$\boldsymbol{y}_{RV,ZF}=[d_{V,1},\cdots,d_{V,N_V}]^T+(\boldsymbol{G}^H\boldsymbol{G})^{-1}\boldsymbol{G}^H\boldsymbol{g}_{RV}\boldsymbol{n} \tag{4-2-7}$$

式中，$\boldsymbol{G}=\boldsymbol{g}_{RV}[\boldsymbol{H}_{V,1}\boldsymbol{c}_{V,1},\cdots,\boldsymbol{H}_{V,N_V}\boldsymbol{c}_{V,N_V}]$。

在 V2V 通信中，所有的 VUE TX 都根据预定义的码本 $C=\{\boldsymbol{c}_V^1,\ \boldsymbol{c}_V^2,\ \cdots,\ \boldsymbol{c}_V^{N_C}\}$ 选择候选向量来形成定向模拟波束，其中$\boldsymbol{c}_V^i\in\mathbb{C}^{N_{OBU}\times 1},i=1,2,\cdots,N_C,(N_C>2),N_C$是候选向量的个数。

式（4-2-7）中的噪声功率满足

$$E[(\boldsymbol{G}^H\boldsymbol{G})^{-1}\boldsymbol{G}^H\boldsymbol{g}_{RV}\boldsymbol{n}]=\delta^2N_{OBU}(\boldsymbol{G}^H\boldsymbol{G})^{-1} \tag{4-2-8}$$

式中，δ^2为高斯白噪声的方差。对于第 k 条 V2V 链路($k=1,2,\cdots,\tau$)，传输速率满足

$$R_k=\log_2\left(1+\frac{P_{V,k}\|\boldsymbol{H}_{V,k}\boldsymbol{c}_{V,k}\|^2}{N_{OBU}\boldsymbol{\sigma}^2}\right) \tag{4-2-9}$$

总共有 τ 个 V2V 链路($\tau=1,2,3,\cdots$)，每条链路的传输速率都满足

$$R_\tau=\sum_{k=1}^{\tau}\log_2\left(1+\frac{P_{V,k}\|\boldsymbol{H}_{V,k}\boldsymbol{c}_{V,k}\|^2}{N_{OBU}\boldsymbol{\sigma}^2}\right),\quad(\tau=1,2,3,\cdots) \tag{4-2-10}$$

根据 HPPP 和泊松分布，我们可以知道对于每个 $\tau=1,2,3,\cdots$(τ 是一个正整数)，典型 RX 周围 R 半径区域的 VUE 数目的概率函数为

$$Pr_V(N_V=\tau)=\frac{(\lambda_V\pi R^2)^\tau}{\tau!}\mathrm{e}^{-\lambda_V\pi R^2},\quad(\tau=1,2,3,\cdots) \tag{4-2-11}$$

因此，ASR 度量被定义为一个平均值，即对所有可能的 τ（τ 从 1 到无穷大）的传输速率的期望，它满足

$$\mathrm{ASR}_{RV}=\lim_{\tau\to\infty}\sum_{k=1}^{\tau}\left[\frac{(\lambda_V\pi R^2)^\tau}{\tau!}\mathrm{e}^{-\lambda_V\pi R^2}\right]\log_2\left(1+\frac{P_{V,k}\|\boldsymbol{H}_{V,k}\boldsymbol{c}_{V,k}\|^2}{N_{OBU}\boldsymbol{\sigma}^2}\right) \tag{4-2-12}$$

式中，$\mathrm{SNR}_{V,k}=P_{V,k}\|\boldsymbol{H}_{V,k}\boldsymbol{c}_{V,k}\|^2/N_{OBU}\boldsymbol{\sigma}^2$，表示是来自所有 VUE 的并发传输的信噪比（signal to noise，SNR）。

基于上述评估指标，我们进一步采用 SVM 来提高 V2V 通信的性能。SVM 是一种典型的监督 ML 算法，训练数据由超过 512 个 HPPP 快照生成。在每个快照中，至少有 10 个 VUE TX 随机分布在网络中。每个 VUE TX 及其

目标 VUE RX 形成一个 V2V 链路。这个网络是动态变化的。因此，在不同的快照中，VUE 处于不同的位置，这可能会导致路径损耗、功率、AoA、AoD 的方位角等参数的变化。我们可以收集这些值，形成 ML 训练的数据样本。

4.3　基于机器学习的智能波束选择机制设计

4.3.1　用于 D2D 通信的机器学习训练样本

对于每一个 D2D 链路，DUE 需要从 C 中的N_C个候选向量中选择一个模拟波束。因此，我们提出了一个迭代的 1v1 SVM 分类器进行波束选择。训练的每个数据样本都基于 L 个传播路径。因此，有 $2+4L$ 个随机实值作为样本元素，包括 TX 功率、路径损耗、AoA 和 AoD 的 $2L$ 个方位角、复增益的 $2L$ 个实部和虚部。此外，由于样本中选择的不同元素的值范围不同，我们对数据集进行归一化预处理。训练数据的每个样本都是一个（$4L+2$）的向量$\boldsymbol{x}_j$，$j\in\{1,2,\cdots,J\}$，其中 J 是样本数。每个数据样本都被映射到它自己的最佳模拟波束$\boldsymbol{c}^{i*}$，$i*\in\{1,2,\cdots,N_C\}$上，即，如果选择了$\boldsymbol{c}^{i*}$，$\mathrm{SNR}_{\mathrm{D},k}$可以达到最大值。因此，将样本分类为$N_C$个类型，进行训练。例如，第 j 个样本为$\boldsymbol{x}_j$，它在 C 中被标记为一种模拟光束。一旦改变 D2D 链路，可以通过提出的 SVM 分类器预测模拟波束，在任意两个不同的训练样本之间生成一个分离超平面。此外，由于数据集不平衡，属于某一类型的样本数量可能比另一种样本小得多，这给最终结果带来了很大的偏差，导致预测不准确。因此，SVM 分类器应该以“1v1”的方式进行迭代训练。

4.3.2　机器学习训练的迭代 SMO 算法

1v1 SVM 分类器基于 C 的一个子集 $\boldsymbol{U}$，它只包含两种模拟波束。每次分类后，从 C 中取一个新的候选向量来替换这两种类型中的一种。然后，我们基于更新后的 $\boldsymbol{U}$ 继续进行训练。迭代使用 SMO 算法，直到取出所有的N_C-1个候选向量，细节如下所述。

假设在一次迭代中，子集 $\boldsymbol{U}=\{c_{\mathrm{D}}^1,c_{\mathrm{D}}^2\}\subset C$。我们将属于$c_{\mathrm{D}}^1$的训练样本标记为 -1，而属于c_{D}^2的训练样本标记为 1。然后就得到

$$\min \quad \frac{1}{2}\|\boldsymbol{w}\|^2 + C\sum_{j=1}^{J}\xi_j$$
$$\text{s.t.} \quad y_j[\boldsymbol{w}^{\mathrm{T}}\phi(\boldsymbol{x}_j)+b] \geqslant 1-\xi_j \quad (j\in 1,2,\cdots,J) \tag{4-3-1}$$
$$\xi_j \geqslant 0$$

式中，$\boldsymbol{w}$ 是分离超平面系数的向量；$\phi(\cdot)$ 是 $\boldsymbol{x}_j$ 到变换后的特征空间的映射；y_j 是类标签；b 是超平面公式的常数偏差。由于样本噪声，我们使用松弛变量，它是特征点$\xi_j \geqslant 0$ 的函数余量的可容忍值。权重 C 控制着支撑向量和超平面之间的边界。根据 Karush – Kuhn – Tucker 条件，我们得到了原问题的拉格朗日函数

$$L(\boldsymbol{w},b,\xi_j,a_j,\beta_j) = \frac{1}{2}\|\boldsymbol{w}\|^2 + C\sum_{j=1}^{J}\xi_j - \sum_{j=1}^{J}a_j y_j[\boldsymbol{w}^{\mathrm{T}}\phi(\boldsymbol{x}_j)+b] - 1 + \xi_j - \sum_{j=1}^{J}\beta_j\xi_j \tag{4-3-2}$$

式中，拉格朗日乘数$a_j \geqslant 0$，$\beta_j \geqslant 0$，$j=1，2，\cdots，J$，核函数 $\phi(\cdot)$是线性核函数。分别将式（4 – 3 – 2）与 $\boldsymbol{w}$、b、ξ_j进行部分推导，并将结果取回 L（$\boldsymbol{w}$，b，ξ_j，a_j，β_j）。然后，SVM 特性的输出函数为

$$\mu_j = \sum_{j=1}^{J}a_j y_j \boldsymbol{x}_j^{\mathrm{T}}\boldsymbol{x}_j + b, \quad j = 1,2,\cdots,J \tag{4-3-3}$$

考虑式（4 – 3 – 3）和异常值，得到的a_j如下：

当$a_j=0$ 时，样本属于某个候选码字，它位于支撑平面的一侧，且$y_i\mu_j \geqslant 1$；

当$0<a_j<C$ 时，这个样本是支撑向量，它位于支撑平面上，且$y_i\mu_j=1$；

当$a_j=C$ 时，支撑向量位于分离的超平面和支撑平面之间，我们有 $y_i\mu_j \leqslant 1$。

a_j也应该满足 $\sum_{j=1}^{J}a_j y_j = 0$，当这三个条件不成立时，我们需要同时更新两个$a_j$值。假设更新了$a_{j_1}$和$a_{j_2}$，$j_1 \neq j_2, j_1, j_2 \in \{1,2,\cdots,J\}$，可以得到

$$a_{j_1}^{\mathrm{new}}y_1 + a_{j_2}^{\mathrm{new}}y_2 = a_{j_1}^{\mathrm{old}}y_1 + a_{j_2}^{\mathrm{old}}y_2 = \rho \tag{4-3-4}$$

式中，上标“new”和“old”表示更新后、更新前的值，ρ 是一个常数。定义$a_{j_2}^{\mathrm{new}} \in [a_{\mathrm{L}}, a_{\mathrm{H}}]$，设置 $\Xi = \{1,2,\cdots,J\} \setminus \{j_1, j_2\}$，可以得到

（1）当$y_1y_2<0$ 时，$a_{j_1}^{\mathrm{old}} - a_{j_2}^{\mathrm{old}} = \rho$。所以$a_{\mathrm{L}} = \max(0, -\rho)$，$a_{\mathrm{H}} = \min(C, C-\rho)$；

（2）当$y_1y_2>0$ 时，$a_{j_1}^{\mathrm{old}} + a_{j_2}^{\mathrm{old}} = \rho$。所以 $a_{\mathrm{L}} = \max(0, \rho - C)$，$a_{\mathrm{H}} = \min(C, \rho)$。

从 $\sum_{j=1}^{J} a_j y_j = 0$,可以得到$a_{j_1} y_{j_1} = a_{j_2} y_{j_2} + \sum_{j \in \Xi} a_j y_j$。此外,在两边都乘以$y_{j_1}$,可以得到 $a_{j_1} = -ta_{j_2} + A$,其中 $t = y_{j_1} y_{j_2}$,$A = y_{j_1} \sum_{j \in \Xi} a_j y_j$。

定义 $v_{j_1} = \sum_{j \in \Xi} a_j y_j \boldsymbol{x}_{j_1}^{\mathrm{T}} \boldsymbol{x}_j$, $v_{j_2} = \sum_{j \in \Xi} a_j y_j \boldsymbol{x}_{j_2}^{\mathrm{T}} \boldsymbol{x}_j$,目标函数变为

$$
\begin{aligned}
f(a_{j_1}, a_{j_2}) = a_{j_1} + a_{j_2} - \frac{1}{2} a_{j_1}^2 \boldsymbol{x}_{j_1}^{\mathrm{T}} \boldsymbol{x}_{j_1} - \frac{1}{2} a_{j_2}^2 \boldsymbol{x}_{j_2}^{\mathrm{T}} \boldsymbol{x}_{j_2} - \\
y_{j_1} y_{j_2} a_{j_1} a_{j_2} \boldsymbol{x}_{j_1}^{\mathrm{T}} \boldsymbol{x}_{j2} - y_{j_1} a_{j_1} v_{j_1} - y_{j_2} a_{j_2} v_{j_2} + D
\end{aligned}
\tag{4-3-5}
$$

式中,D 表示所有不含a_{j_1}和a_{j_2}的其余项。然后,从$\frac{\partial f}{\partial a_{j2}} = 0$ 可以推导出更新后的a_{j_2}为

$$
a_{j_2}^{\mathrm{new}'} = \frac{(-y_{j_1} + y_{j_2} + v_{j_1} - v_{j_2} - y_{j_1} A\, \boldsymbol{x}_{j_1}^{\mathrm{T}} \boldsymbol{x}_{j_2} + y_{j_1} A\, \boldsymbol{x}_{j_1}^{\mathrm{T}} \boldsymbol{x}_{j_1}) y_{j_2}}{\boldsymbol{x}_{j_1}^{\mathrm{T}} \boldsymbol{x}_{j_1} + \boldsymbol{x}_{j_2}^{\mathrm{T}} \boldsymbol{x}_{j_2} - 2\, \boldsymbol{x}_{j_1}^{\mathrm{T}} \boldsymbol{x}_{j_2}} \tag{4-3-6}
$$

由于$j_1 \neq j_2$,j_1,$j_2 \in \{1, 2, \cdots, J\}$,我们知道$\mu_{j_2} = \boldsymbol{w}^{\mathrm{T}} \boldsymbol{x}_{j_2} + b$,使$E_{j_i} = \mu_{j_i} - y_{j_i}$,$(i = 1, 2)$,$\zeta = \boldsymbol{x}_{j_1}^{\mathrm{T}} \boldsymbol{x}_{j_1} + \boldsymbol{x}_{j_2}^{\mathrm{T}} \boldsymbol{x}_{j_2} - 2\, \boldsymbol{x}_{j_1}^{\mathrm{T}} \boldsymbol{x}_{j_2}$,得到

$$
a_{j_2}^{\mathrm{new}'} = a_{j_2}^{\mathrm{old}} + \left(\frac{y_{j_2}}{\zeta}\right)(E_{j_1} - E_{j_2}) \tag{4-3-7}
$$

然后,结合约束 $0 < a_j < C$ 得到

$$
a_{j_2}^{\mathrm{new}'} = \begin{cases} a_{\mathrm{H}}, a_{j_2}^{\mathrm{new}'} < a_{\mathrm{L}} \\ a_{j_2}^{\mathrm{new}'}, a_{\mathrm{L}} \leqslant a_{j_2}^{\mathrm{new}'} \leqslant a_{\mathrm{H}}, \\ a_{\mathrm{L}}, a_{j_2}^{\mathrm{new}'} > a_{\mathrm{H}} \end{cases} \tag{4-3-8}
$$

从式(4-3-4)得到了更新后的a_{j_1}:

$$
a_{j_1}^{\mathrm{new}} = a_{j_1}^{\mathrm{old}} + y_{j_1} y_{j_2} (a_{j_2}^{\mathrm{old}} - a_{j_2}^{\mathrm{new}'}) \tag{4-3-9}
$$

4.3.3　1v1 SVM 训练的迭代 SMO 算法

算法 1 显示了机器学习的训练过程。输出是所有分离的超平面的系数。根据 Osuna 定理,每次迭代目标函数都会减小式(4-3-1),保证了收敛性。

算法1：迭代 SMO 训练算法

初始化：

初始化$\lambda_{\mathrm{D}}, R, C, \boldsymbol{U}=\boldsymbol{c}^{m}, \boldsymbol{c}^{n},(m=1, n=2), N_{\mathrm{Dev}}, N_{\mathrm{RD}}, J$。

循环：

1：**while** $k \leftarrow\{1,2, \cdots, N_{\mathrm{D}}\}$ **do**

2：根据$\mathrm{SNR}_{\mathrm{D}, k}$初始化训练样本$\boldsymbol{x}_{j}$和标签$y_{j}$，初始化$a_{j}(j \in\{1,2, \cdots, J\})$。

3：**for all** m，$n \leqslant N^{C},(m \neq n)$ **do**

4：选择不满足式（4-3-3）的上述三个条件的$a_{j_{1}}$；

5：选择具有最大$E_{j_{1}}-E_{j_{2}}$值的$a_{j_{2}}$；

6：修正所有a_{j}，$j \in J \backslash\{j_{1}, j_{2}\}$，计算$\rho$，$a_{\mathrm{L}}$，$a_{\mathrm{H}}$，$\zeta$；

7：根据式（4-3-8）计算$a_{j_{2}}^{\text{new}'}$，然后更新$E_{j_{1}}$和$E_{j_{2}}$；

8：根据式（4-3-9）更新$a_{j_{1}}^{\text{new}}$。

9：**if** 所有a_{j}满足式（4-3-3）的三个条件 **then**

10：将所有a_{j}存储为$\boldsymbol{c}^{m}$与$\boldsymbol{c}^{n}$之间分离超平面$SP^{m,n}$的系数；

11：更新$\boldsymbol{U}$中的$\boldsymbol{c}^{m}$或$\boldsymbol{c}^{n}$。

12：**end if**

13：**end for**

14：**end while**

输出：每两个码字$\boldsymbol{c}^{m}$和$\boldsymbol{c}^{n}(m, n \leqslant N^{C}, m \neq n)$之间的所有分离超平面$SP^{m,n}$的系数$a_{j}(j \in\{1,2, \cdots, J\})$。

下面，我们进一步比较了两种传统方法的计算复杂度，分别是基于速率的算法和信道估计算法。基于速率的算法计算了所有可能的模拟光束的 ASR 值。然后，选择 ASR 最大的模拟波束作为信号传输的最佳模拟波束。由于波束的每个向量都是一个N_{Dev}维向量，而信道矩阵$\boldsymbol{H}_{\mathrm{D}, k}$是一个$N_{\mathrm{Dev}}$维方阵。因此，每个 DUE RX 的计算复杂度为$O(N_{\mathrm{Dev}}^{5})$。如前所述，用于选择的候选光束的数量为$N_{C}$。计算复杂度为

$$O\left[N_{C} N_{\mathrm{Dev}}^{5} \frac{N_{\mathrm{D}}(1+N_{\mathrm{D}})}{2}\right]=O\left[\frac{1}{2} N_{C} N_{\mathrm{Dev}}^{5}(N_{\mathrm{D}}^{2}+N_{\mathrm{D}})\right] \tag{4-3-10}$$

然后，信道估计算法根据所有 L 个信道路径的 CSI 选择最佳模拟波束。然后，每个 DUE RX 的计算复杂度为$O(L N_{\mathrm{Dev}}^{3})$，其中计算复杂度满足

$$O\left[L N_{C} N_{\mathrm{Dev}}^{3} \frac{N_{\mathrm{D}}(1+N_{\mathrm{D}})}{2}\right]=O\left[\frac{L}{2} N_{C} N_{\mathrm{Dev}}^{3}(N_{\mathrm{D}}^{2}+N_{\mathrm{D}})\right] \tag{4-3-11}$$

最后，本章提出的 SVM 分类器如果用于波束选择，必须经过良好的训练，即在进行波束选择之前，需要离线进行数据训练。因此，我们排除了数据训练造成的复杂度。根据之前的分析，可以得到$\frac{1}{2}(N_C)^2$个分离的超平面。每一轮迭代后，分离的超平面数量减半，并通过包含N_{Dev}次乘法和加法的比较来确定测试向量位于哪一边。因此，每次迭代的计算复杂度为$O(2N_{\mathrm{Dev}})$。然后，每个 DUE TX 的计算复杂度为$O\left[\left(1-\frac{1}{2^{N_C-1}}\right)N_C^2 N_{\mathrm{Dev}}\right]$，此外，由于平均有$N_{\mathrm{D}}=\lfloor \lambda_{\mathrm{D}}\pi R^2 \rfloor$ 个 DUE TX，我们提出的算法的计算复杂度满足

$$O\left[\frac{N_C^2}{2}N_{\mathrm{Dev}}\frac{N_{\mathrm{D}}(1+N_{\mathrm{D}})}{2}\left(1-\frac{1}{2^{N_C-1}}\right)\right]=O\left[N_C^2 N_{\mathrm{Dev}}(N_{\mathrm{D}}^2+N_{\mathrm{D}})\left(\frac{1}{4}-\frac{1}{2^{N_C+1}}\right)\right] \tag{4-3-12}$$

4.4　仿真结果与分析

在本节中，我们通过 Google 的 Tensorflow 来训练和评估所提出的分类器，并使用了四个 Nvidia Geforce GTX 显卡来加速样本训练。仿真参数见表 4-4-1。

表 4-4-1　仿真参数

参　　数	含　　义	值
λ_{D}	D2D 链路密度	1×10^{-5} D2D link/m^2
P_{D}	DUE TX 功率最大值	20 dBm
L	传播路径数目	2
N_{Dev}	D2D 移动设备天线数目	32
R	DUE 通信半径最大值	20 m
N_C	所有候选向量数目	8

在图 4-4-1 中，我们可以看到随着 D2D 用户密度的增加，蜂窝与 D2D 混合网络的 ASR 也在增加。这是因为更多的 DUE TX 可以为 DUE RX 提供更多的通信链路，从而传播损耗较小的传输概率会增大。当 D2D 用户密度持续增加时，ASR 的增加趋势变慢，这意味着几乎所有的 DUE RX 都可以被 DUE TX 服务。该算法比现有的基于信道估计的波束选择算法性能更好，且更接近理论最优边界，这是因为机器学习可以深入地提取出系统的特征。由于信道估计算法只基于 CSI，而 CSI 仅仅被认为是系统特性的一部分，因

此信道估计算法的性能比本章提出的算法差。

图 4-4-2 显示了基于速率的算法、基于信道估计的算法与我们提出的算法之间的复杂度比较。可以看出，我们提出的算法显著降低了计算复杂度，特别是在 DUE 链路数量较大的情况下。在迭代 1v1 SVM 分类的帮助下，TX 可以根据其训练好的分类模型直接选择最佳的模拟波束，而不是尝试所有的模拟波束。因此，该算法的复杂度显著降低。

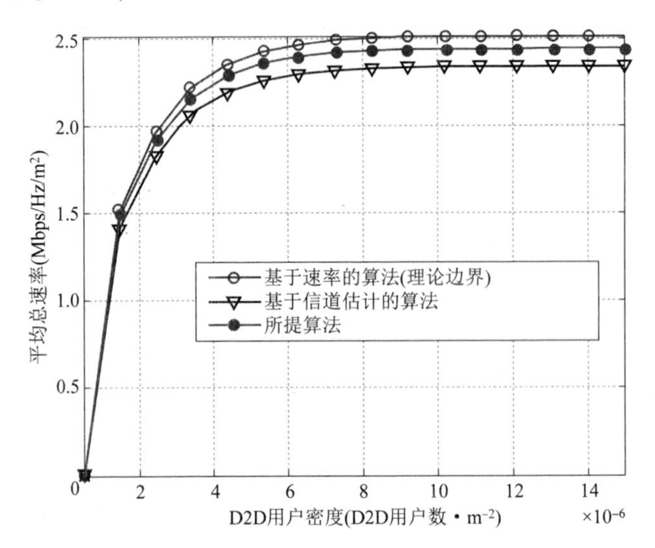

图 4-4-1　蜂窝与 D2D 混合网络的平均总速率 ASR vs. D2D 用户密度

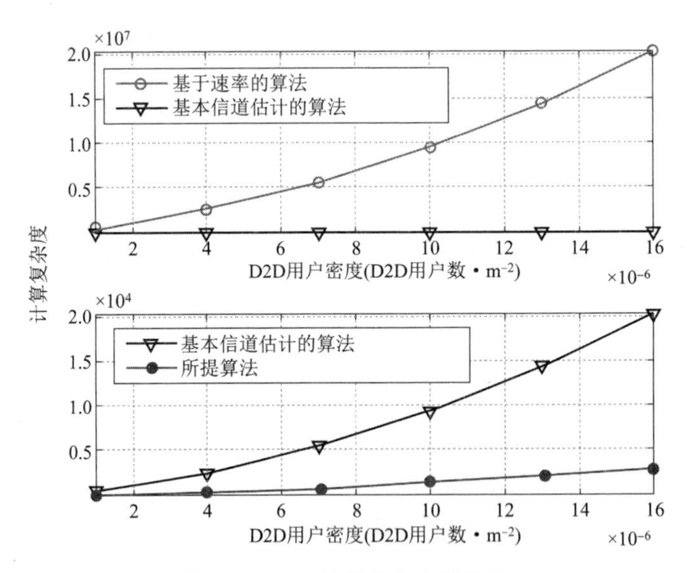

图 4-4-2　计算复杂度的比较

4.5　本章小结

在本文中，我们考虑了一种基于机器学习的模拟波束选择方法，用于毫米波蜂窝与 D2D 混合网络中的 D2D 通信。我们将 D2D 链接建模为 HPPP 来推导蜂窝与 D2D 混合网络的 ASR。在此基础上，提出了一个迭代 1v1 SVM 分类器来选择每个 DUE 的模拟波束。然后，利用迭代 SMO 算法得到分离的超平面，这使 DUE TX 能够快速、精确地选择复杂度很低的模拟波束。仿真结果表明，该算法具有非常接近理论上限的性能。此外，仿真结果还验证了该算法不仅比传统的基于信道估计的算法具有更高的 ASR，而且大大降低了计算复杂度。最后，请注意，我们提出的机器学习分类器只在 DUE 位置在不同时间发生变化的动态条件下使用。如果考虑到 DUE 的速度，场景的动态性质将变得更加复杂，这为我们未来的研究工作提供了一个有趣和具有挑战性的课题。

第5章
最大化平均总速率的D2D用户部署策略

5.1 引　　言

对于蜂窝与D2D通信混合网络而言，系统的传输容量是衡量系统性能的一个重要指标，而传输容量不仅能够表征系统性能的理论上界，同时也能够反映出系统中不同参数对于整个网络的影响，这对于实际进行网络部署和系统资源分配具有重要的指导意义。

对于蜂窝与D2D混合网络而言，已经有很多文献针对传输容量进行了深入研究，J. Lee等研究了认知异构网络中次级系统的可完成传输容量，以及系统中存在的干扰关系，文献［116］则对两个不同频带上的D2D传输容量进行了分析和优化，而文献［117］则研究了带有中断概率约束情况下的自组织网络的容量问题，在文献［118］中，作者通过渐进分析方法，讨论了认知网络中主系统和次级系统之间的容量折中问题。

另外，一些相关工作则是通过提高系统整体性能来使得网络的容量得到增强，在文献［119］中，作者关注于混合网络的系统建模，并且讨论了中断概率、干扰等因素对整个网络吞吐率的影响，Yu等分析了蜂窝与D2D混合网络中优化资源配置对吞吐率的影响，而在文献［121］中，作者通过引入一种协作传输机制来提高无线网络的性能。

然而，先前的研究工作都只是关注无线网络中的次级系统来提升性能，而当蜂窝用户与D2D用户在混合网络中共存时，也可以在不对蜂窝通信自身造成严重干扰的前提下，分析蜂窝系统对于D2D通信的协作效果，本章考虑了蜂窝用户不仅能够保持自身的蜂窝通信，同时还可以分配出一部分传输功率用于协作D2D用户之间进行通信的场景。通过随机几何进行数学建模，首先推导出了协作D2D通信的那些蜂窝用户存在概率和传输距离的期望值，接着本章得到了蜂窝通信、D2D传输以及蜂窝协作传输三者的成功传输概率值，通过得到的概率值，给出了D2D传输容量表达式，进一步通过凸优化分析，得到了在闭式形式下的用户密度数目，从理论分析中，可以知道优化的 D2D 用户密度和优化的 D2D 传输容量不仅受系统参数的影响，同时也受整个混合网络中的干扰影响。

本章 5.2 节首先建立了系统分析模型，基于随机几何理论中的齐次泊松点过程（HPPP）模型，在 5.3 节加入了所提出的蜂窝用户协作 D2D 通信机制，并且推导出了系统中几种通信方式的成功传输概率。5.4 小节给出了 D2D 传输容量的表达式和相应的系统约束。基于前面的结论，在 5.5 小节对 D2D 传输容量进行了优化，同时提出了一种 D2D 用户密度优化的实现算法用于获得最大 D2D 传输容量值，而在最后通过仿真结果验证了该结果的正确性并讨论了系统参数对最优容量的影响。

5.2　地面蜂窝与 D2D 混合异构网络模型

基本的蜂窝与 D2D 混合网络系统模型中蜂窝系统被部署在授权频带上，D2D 用户能够重用蜂窝频谱的上行资源，如图 5－2－1 所示。这里首先定义在 D2D 系统中传输的数据也同样存储在蜂窝系统中，在多天线方案以及波束成型技术的帮助下，蜂窝用户能够分配一部分终端发送功率用于协作 D2D 用户进行传输，同时也能够保持自身的蜂窝传输。因此收到蜂窝用户协作传输的 D2D 接收机能够得到相应的协作传输容量增益，此外，定义系统中 D2D 发送功率为 P_{d2d}，蜂窝用户发送功率为 P_{CeUE}，定义协作 D2D 进行通信的蜂窝用户（assisting cellular user，AUE）为能够分配出 τP_{CeUE}（$0\leqslant\tau\leqslant1$）的功率用于在蜂窝频段上协作 D2D 通信的蜂窝用户。基于这样一个场景，提出如下假设。

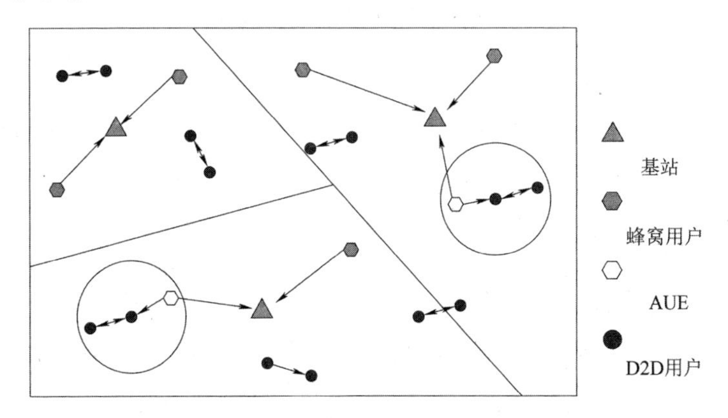

图 5－2－1　蜂窝用户协作下的蜂窝与 D2D 混合网络场景模型

假设 1 定义 D2D 最大通信半径为 R，因此当蜂窝用户同 D2D 接收机之间的距离小于等于 R 时，蜂窝用户便可以协作 D2D 进行数据传输，而如果多于一个以上的蜂窝用户出现在 D2D 通信范围内，那么定义 D2D 接收端将以时分的方式在每个传输时隙内随机选择一个蜂窝用户进行协作传输。

假设 2 蜂窝系统在二维平面 H 上构成了一个齐次泊松点过程（homogeneous Poisson point process，HPPP）Π_0，密度为 λ_0；而 D2D 用户对则形成了在 H 上的一个齐次泊松点过程 Π_1，密度为 λ_1。根据 Palm 定理，这里能够定义一个位于原点处的 Π_1 上的典型接收机（typical receiver），并且该典型接收机同其配对的 D2D 发送端距离为 R_{10}（$0<R_{10}<R$），而 $\{X_i \mid X_i \in H, i \in \Pi_1\}$ 表示 Π_1 中第 i 个发送机的位置，$\{Y_j \mid Y_j \in H, j \in \Pi_0\}$ 表示 Π_0 中第 j 个发送机的位置。

假设 3 系统中考虑路损和瑞利衰落作为传输损耗模型，其定义式为

$$P_{rx}=\delta P_{tx}\left|D\right|^{-\alpha} \tag{5-2-1}$$

式中，P_{tx} 和 P_{rx} 分别表示发送机发送功率和接收机的接收功率；α 是路损衰减因子；$|D|$ 表示发送机和接收机之间的距离；对于瑞利衰落因子 δ，其服从指数分布并且具有单位均值。

5.3 D2D 通信的成功传输概率

在这部分中，首先给出 AUE 的存在概率和平均传输距离，接着将会推导出 AUE 协作 D2D 通信的成功传输概率以及蜂窝通信的成功传输概率，在最后则给出 D2D 通信的成功传输概率。

5.3.1 AUE 的存在概率和平均传输距离

根据前文的描述，如果在 D2D 接收机通信范围内包含蜂窝用户，那么任何一个蜂窝用户都可以成为 AUE，因此 AUE 的存在概率 $\mathrm{Pr}_{\mathrm{exist}}$ 将满足：

$$\mathrm{Pr}_{\mathrm{exist}}=1-\mathrm{e}^{-\lambda_0 \pi R^2} \tag{5-3-1}$$

如图 5-3-1 所示，定义从蜂窝用户到 D2D 接收机的距离为 x，并且 x 小于 r 的概率满足 $\mathrm{Pr}(x \leqslant r)=\dfrac{x^2}{r^2}$，而概率密度函数则满足 $f(x)=\dfrac{2x}{r^2}$，因此在 D2D 通信范围（$r=R$）内，蜂窝用户到 D2D 接收机的平均传输距离 $E(x)$ 为

$$E(x)=\int_0^r x f(x)\,\mathrm{d}x\bigg|_{r=R}=\int_0^R \frac{2x^2}{R^2}\mathrm{d}x=\frac{2}{3}R \tag{5-3-2}$$

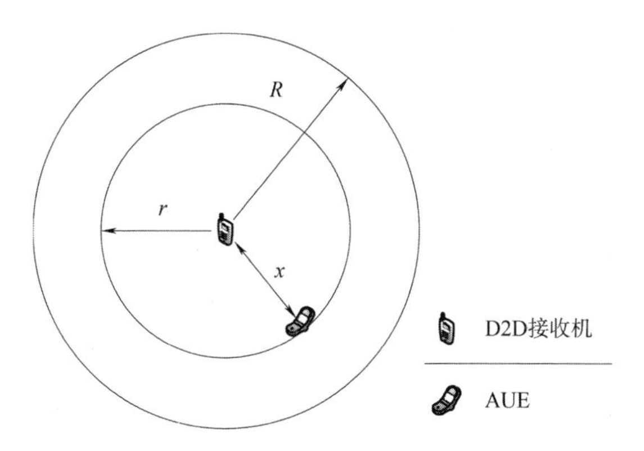

图 5-3-1　蜂窝用户协作 D2D 通信

5.3.2　AUE 发送信号到 D2D 典型接收机的成功传输概率

当蜂窝用户利用蜂窝资源协作 D2D 传输时，D2D 典型接收机的 SINR 可以表示为

$$\text{SINR}_{\text{C2D}} = \frac{\tau P_{\text{CeUE}} \delta_{00} \ |E(x)|^{-\alpha}}{\sum_{j \in \Pi_0} P_{\text{CeUE}} \delta_{0j} |Y_j|^{-\alpha} + \sum_{i \in \Pi_1} P_{\text{d2d}} \delta_{1i} |X_i|^{-\alpha} + N_0} \quad (5-3-3)$$

式中，δ_{00}，δ_{0j}和δ_{1i}分别表示 D2D 典型接收机同 AUE、第 j 个蜂窝用户发送机以及第 i 个 D2D 发送机之间的瑞利衰落系数；N_0 表示热噪声。而$|Y_j|$和$|X_i|$分别表示从 D2D 典型接收机到第 j 个蜂窝用户发送机和第 i 个 D2D 发送机的距离。这里由于分析主要关注蜂窝与 D2D 混合网络中频谱共享问题，系统中干扰占主导因素，因此可将热噪声部分忽略掉，那么有 $\Pr(\text{SINR}_{\text{C2D}} \geqslant T) = \Pr(\text{SIR}_{\text{C2D}} \geqslant T)$，这里 $\Pr(\cdot)$ 表示概率，T 表示 SIR（信干比）阈值。那么首先得到如下定理：

定理 1　AUE 发送信号到 D2D 典型接收机的成功传输概率满足

$$\Pr_{\text{C2D}} = \exp\left\{ -\frac{2}{9}\pi^2 \left(\frac{T}{\tau}\right)^{\frac{1}{2}} R^2 \left[\lambda_0 + \lambda_1 \left(\frac{P_{\text{d2d}}}{P_{\text{CeUE}}}\right)^{\frac{1}{2}}\right]\right\} \quad (5-3-4)$$

式中，$\Pr_{\text{C2D}}$表示 AUE 的协作成功传输概率。

证明　当 AUE 在 D2D 通信范围内发送信号到 D2D 典型接收机时，$\Pr_{\text{C2D}}$ 满足

$$\begin{aligned} \Pr_{\text{C2D}} &= \Pr(\text{SIR}_{\text{C2D}} \geqslant T) \\ &= \Pr\left(\frac{\tau P_{\text{CeUE}} \delta_{00} |E(x)|^{-\alpha}}{\sum_{j \in \Pi_0} P_{\text{CeUE}} \delta_{0j} |Y_j|^{-\alpha} + \sum_{i \in \Pi_1} P_{\text{d2d}} \delta_{1i} |X_i|^{-\alpha}} \geqslant T\right) \end{aligned}$$

$$= \Pr\left[\frac{\delta_{00}\left(\frac{2}{3}R\right)^{-\alpha}}{I_{C1}+I_{D1}} \geqslant T\right] \tag{5-3-5}$$

这里 $I_{C1}=\sum_{j\in\Pi_0}\left(\frac{1}{\tau}\right)\delta_{0j}|Y_j|^{-\alpha}, I_{D1}=\sum_{i\in\Pi_1}\left(\frac{P_{\mathrm{d2d}}}{\tau P_{\mathrm{CeUE}}}\right)\delta_{1i}|X_i|^{-\alpha}$。而瑞利衰落系数 δ_{00} 满足单位均值的指数分布，因此可以得到下式：

$$\Pr\left[\delta_{00}\geqslant T\left(\frac{2}{3}R\right)^{\alpha}(I_{C1}+I_{D1})\right]=\int_0^{\infty}\mathrm{e}^{-sT\left(\frac{2}{3}R\right)^{\alpha}}\mathrm{d}\{\Pr[(I_{C1}+I_{D1})\leqslant s]\}$$
$$=\psi_{I_{C1}}\left[T\left(\frac{2}{3}R\right)^{\alpha}\right]\psi_{I_{D1}}\left[T\left(\frac{2}{3}R\right)^{\alpha}\right] \tag{5-3-6}$$

式中，$\psi_{I_{C1}}$ 和 $\psi_{I_{D1}}$ 表示 I_{C1} 和 I_{D1} 的拉普拉斯变换，而 δ_{0j} 和 δ_{1i} 满足指数分布，采用文献［124］中类似的方法，可以得到

$$\psi_{I_{C1}}(s)=E(\mathrm{e}^{-sI_{C1}})=E\left(\prod_{j\in\Pi_0}\mathrm{e}^{-\left(\frac{s}{\tau}\right)\delta_{0j}|Y_j|^{-\alpha}}\right)=E_{\Pi_0}\left[\prod_{j\in\Pi_0}E_{\delta_{0j}}(\mathrm{e}^{-\left(\frac{s}{\tau}\right)|Y_j|^{-\alpha}})\right]$$
$$=\exp\left\{-\int_0^{\square}E_{\delta_{0j}}\left(1-\mathrm{e}^{-\left(\frac{s}{\tau}\right)|Y_j|^{-\alpha}}\right)\lambda_0\mathrm{d}(|Y_j|)\right\}$$
$$=\exp\left\{-\lambda_0\pi\left(\frac{s}{\tau}\right)^{\frac{2}{\alpha}}\Gamma\left(1+\frac{2}{\alpha}\right)\Gamma\left(1-\frac{2}{\alpha}\right)\right\} \tag{5-3-7}$$

这里 $\Gamma(\cdot)$ 表示伽玛函数，其基本形式为 $\Gamma(z)=\int_0^{\infty}\mathrm{e}^{-t}t^{z-1}\mathrm{d}t$。类似地，可以得到

$$\psi_{I_{D1}}(s)=\exp\left\{-\lambda_1\pi\left(\frac{sP_{\mathrm{d2d}}}{\tau P_{\mathrm{CeUE}}}\right)^{\frac{2}{\alpha}}\Gamma\left(1+\frac{2}{\alpha}\right)\Gamma\left(1-\frac{2}{\alpha}\right)\right\} \tag{5-3-8}$$

取 $\alpha=4$ 典型值，因此 $\Pr_{\mathrm{C2D}}$ 变为：

$$\Pr_{\mathrm{C2D}}=\Pr(\mathrm{SIR}_{\mathrm{C2D}}\geqslant T)$$
$$=\psi_{I_{C1}}\left[T\left(\frac{2}{3}R\right)^{\alpha}\right]\psi_{I_{D1}}\left[T\left(\frac{2}{3}R\right)^{\alpha}\right] \tag{5-3-9}$$
$$=\exp\left\{-\frac{2}{9}\pi^2\left(\frac{T}{\tau}\right)^{\frac{1}{2}}R^2\left[\lambda_0+\lambda_1\left(\frac{P_{\mathrm{d2d}}}{P_{\mathrm{CeUE}}}\right)^{\frac{1}{2}}\right]\right\}$$

因此 AUE 协作通信的中断概率满足

$$\Pr^{o}_{\mathrm{C2D}}=1-\Pr(\mathrm{SIR}_{\mathrm{C2D}}\geqslant T)\leqslant\theta_1 \tag{5-3-10}$$

式中，θ_1 表示当 AUE 传输信号给 D2D 时的中断概率约束。

5.3.3 AUE 的成功蜂窝传输概率与 D2D 成功传输概率

对于 AUE 而言，在其以 R 为 D2D 半径的范围内，同时存在的 D2D 接收

机的平均数目为 $\lambda_1\pi R^2$，那么将会有 $\lambda_1\pi R^2$ 个 D2D 用户对同时要求 AUE 进行协作传输，因此这里有约束条件 $\lambda_1\pi R^2\tau P_{\text{CeUE}}\leqslant P_{\text{CeUE}}$ 成立，也即 AUE 不能够以超过自身终端最大发送功率来协作 D2D 进行传输，因此这里首先有

$$0\leqslant\lambda_1\pi R^2\tau\leqslant 1 \tag{5-3-11}$$

而 AUE 将会利用 $(1-\lambda_1\pi R^2\tau)P_{\text{CeUE}}$ 保持自身蜂窝传输。而此处考虑一种极限情况，也即当 AUE 位于小区边缘的情况，因此有下述定理。

定理 2　AUE 的成功蜂窝传输概率 Pr_{C2BS} 满足

$$\text{Pr}_{\text{C2BS}}=\exp\left\{-\frac{1}{2}\pi^2\left(\frac{T}{1-\lambda_1\pi R^2\tau}\right)^{\frac{1}{2}}R_B^2\left[\lambda_0+\lambda_1\left(\frac{P_{\text{d2d}}}{P_{\text{CeUE}}}\right)^{\frac{1}{2}}\right]\right\} \tag{5-3-12}$$

式中，R_B 代表 AUE 到基站的最远距离，也即蜂窝小区允许 AUE 属于该小区的最远距离。

证明　根据定理 1 中同样的步骤，能够得到上述表达式。

那么 AUE 的蜂窝中断概率满足

$$\text{Pr}_{\text{C2BS}}^{\text{o}}=1-\text{Pr}_{\text{C2BS}}\leqslant\theta_0 \tag{5-3-13}$$

式中，θ_0 为蜂窝用户中断概率。

类似前面的分析，有如下定理。

定理 3　D2D 成功传输概率 Pr_{D2D} 为

$$\text{Pr}_{\text{D2D}}=\exp\left\{\frac{-1}{2}\pi^2T^{\frac{1}{2}}R_{10}^2\left[\left(\frac{P_{\text{CeUE}}}{P_{\text{d2d}}}\right)^{\frac{1}{2}}\lambda_0+\lambda_1\right]\right\} \tag{5-3-14}$$

证明　根据定理 1 中同样的步骤，能够得到上述表达式。

类似地，D2D 通信中断概率满足

$$\text{Pr}_{\text{D2D}}^{\text{o}}=1-\text{Pr}_{\text{D2D}}\leqslant\theta_2 \tag{5-3-15}$$

式中，θ_2 为 D2D 通信中断概率约束。

5.4　蜂窝与 D2D 混合异构网络的平均总速率与优化

根据文献［115］，可以定义 D2D 传输容量为 D2D 用户密度同成功传输概率之间的乘积。而在所提出的方案中，D2D 接收机将会得到来自 AUE 的协作增益，因此得到如下 D2D 传输容量定义。

定义 1　蜂窝用户协作的 D2D 传输容量表达式被定义为下式：

$$\begin{aligned}C_{\text{D2D}}&=\lambda_1(\text{Pr}_{\text{C2D}}+\text{Pr}_{\text{D2D}})=\lambda_1\exp\left\{\frac{-1}{2}\pi^2\left[\left(\frac{P_{\text{CeUE}}}{P_{\text{d2d}}}\right)^{\frac{1}{2}}\lambda_0+\lambda_1\right]T^{\frac{1}{2}}R_{10}^2\right\}+\\&\lambda_1(1-\text{e}^{-\lambda_0\pi R^2})\exp\left\{-\frac{2}{9}\pi^2\left(\frac{T}{\tau}\right)^{\frac{1}{2}}R^2\left[\lambda_0+\lambda_1\left(\frac{P_{\text{d2d}}}{P_{\text{CeUE}}}\right)^{\frac{1}{2}}\right]\right\}\end{aligned} \tag{5-4-1}$$

那么从上述分析中，能够得到目标函数和约束条件如下：

$$\max \quad C_{\mathrm{D2D}} \tag{5-4-2}$$

$$\text{s. t.} \quad 0 \leqslant \lambda_1 \tag{5-4-2a}$$

$$0 \leqslant \tau \leqslant 1 \tag{5-4-2b}$$

$$0 \leqslant \lambda_1 \pi R^2 \tau \leqslant 1 \tag{5-4-2c}$$

$$1-\exp\left\{-\frac{1}{2}\pi^2\left(\frac{T}{1-\lambda_1\pi R^2\tau}\right)^{\frac{1}{2}} R_B^2\left[\lambda_0+\lambda_1\left(\frac{1}{\gamma}\right)^{\frac{1}{2}}\right]\right\} \leqslant \theta_0 \tag{5-4-2d}$$

$$1-\exp\left\{-\frac{2}{9}\pi^2\left(\frac{T}{\tau}\right)^{\frac{1}{2}} R^2\left(\lambda_0+\lambda_1\left(\frac{1}{\gamma}\right)^{\frac{1}{2}}\right)\right\} \leqslant \theta_1 \tag{5-4-2e}$$

$$1-\exp\left\{\frac{-1}{2}\pi^2\left[\gamma^{\frac{1}{2}}\lambda_0+\lambda_1\right]T^{\frac{1}{2}}R_{10}^2\right\} \leqslant \theta_2 \tag{5-4-2f}$$

定义 $\gamma=\frac{P_{\mathrm{CeUE}}}{P_{\mathrm{d2d}}}$，因此从式（5-4-2e）和式（5-4-2f）式中可以得到 $\lambda_1 \leqslant \frac{2\ln\left(\frac{1}{1-\theta_2}\right)}{\pi^2 T^{\frac{1}{2}} R_{10}^2}-\gamma^{\frac{1}{2}}\lambda_0$ 和 $\lambda_1 \leqslant \frac{9\gamma^{\frac{1}{2}}\ln\left(\frac{1}{1-\theta_1}\right)}{2\pi^2 R^2\left(\frac{T}{\tau}\right)^{\frac{1}{2}}}-\lambda_0\gamma^{\frac{1}{2}}$。因此从式（5-4-2c）中可以得到 $\lambda_1 \leqslant \frac{1}{\pi R^2\tau}$。从式（5-4-2d）中有 $\frac{4\gamma\ln^2(1-\theta_0)}{\pi^4 R_B^4 T}(1-\lambda_1\pi R^2\tau) \geqslant (\lambda_0\sqrt{\gamma}+\lambda_1)^2$，接着定义 $\zeta=\frac{4\gamma\ln^2(1-\theta_0)}{\pi^4 R_B^4 T}$，因此 $\zeta(1-\lambda_1\pi R^2\tau) \geqslant (\lambda_0\sqrt{\gamma}+\lambda_1)^2$，那么

$$\lambda_1^2+(\zeta\pi R^2\tau+2\sqrt{\gamma}\lambda_0)\lambda_1+\lambda_0^2\gamma-\zeta \leqslant 0 \tag{5-4-3}$$

接下来的结论给出了式（5-4-3）中的D2D用户密度边界，首先有如下引理成立。

引理1 蜂窝用户密度 λ_0 满足：

$$\lambda_0^2<\frac{4\ln^2(1-\theta_0)}{\pi^4 T R_B^4} \tag{5-4-4}$$

证明 对于一个单纯进行蜂窝通行的蜂窝用户而言，其中断概率 $\Pr_C^o$ 也应该满足中断概率约束 θ_0，那么可以得到

$$\Pr_C^o=1-\exp\left\{-\frac{1}{2}\pi^2 T^{\frac{1}{2}} R_B^2\left[\lambda_0+\lambda_1\left(\frac{P_{\mathrm{d2d}}}{P_{\mathrm{CeUE}}}\right)^{\frac{1}{2}}\right]\right\} \leqslant \theta_0 \tag{5-4-5}$$

因此这里有 $\frac{4\ln^2(1-\theta_0)}{\pi^4 T R_B^4} \geqslant \left[\lambda_0+\lambda_1\left(\frac{P_{\mathrm{d2d}}}{P_{\mathrm{CeUE}}}\right)^{\frac{1}{2}}\right]^2>\lambda_0^2$。

那么接着得到如下结论：

结论　式（5－4－3）中的 D2D 用户密度边界满足：

$$0 \leqslant \lambda_1 \leqslant \frac{-(\zeta\pi R^2\tau + 2\sqrt{\gamma}\lambda_0) + \sqrt{(\zeta\pi R^2\tau)^2 + 4\sqrt{\gamma}\lambda_0 + 4\zeta}}{2} \qquad (5-4-6)$$

证明　这里本节采用一种简洁的方式来证明该结论，首先，令 $f(\lambda_1) = \lambda_1^2 + (\zeta\pi R^2\tau + 2\sqrt{\gamma}\lambda_0)\lambda_1 + \lambda_0^2\gamma - \zeta$，接着考虑 $f(\lambda_1) = 0$。那么等式的解为：$\lambda_{1_{1,2}} = \frac{-(\zeta\pi R^2\tau + 2\sqrt{\gamma}\lambda_0) \pm \sqrt{(\zeta\pi R^2\tau)^2 + 4\sqrt{\gamma}\lambda_0 + 4\zeta}}{2}$，此式意味着有两个解，即 λ_{1_1} 和 λ_{1_2}。同时这里也知道函数 $f(\lambda_1)$ 曲线是凹的，只要其中一个解小于0，并且当 $\lambda_1 = 0$ 时，$f(\lambda_1) < 0$，那么另一个解必然大于0，并且从前文引理 1 和 ζ 的定义中能够知道 $\lambda_0^2\gamma < \zeta$，因此联合约束条件式（5－4－2c），可以得到该结论。

那么从之前的讨论中，可以得到下式：

$$\lambda_{1,\max} = \min\left\{\frac{1}{\pi R^2\tau}, \frac{-2\ln(1-\theta_2)}{\pi^2 T^{\frac{1}{2}} R_{10}^2} - \gamma^{\frac{1}{2}}\lambda_0, \frac{-9\gamma^{\frac{1}{2}}\ln(1-\theta_1)}{2\pi^2 R^2\left(\frac{T}{\tau}\right)^{\frac{1}{2}}} - \lambda_0\gamma^{\frac{1}{2}},\right.$$

$$\left.\frac{-(\zeta\pi R^2\tau 2\sqrt{\gamma}\lambda_0) + \sqrt{(\zeta\pi R^2\tau)^2 + 4\sqrt{\gamma}\lambda_0 + 4\zeta}}{2}\right\} \qquad (5-4-7)$$

接着可以得到 λ_1 的定义域 $[0, \lambda_{1,\max}]$，因此也可知 C_{D2D} 一定能在封闭集 $\{(\tau,\lambda_1) | (\tau,\lambda_1) \in [0,1] \times [0,\lambda_{1,\max}]\}$ 上取得最大值。

下一步对 C_{D2D} 求关于 λ_1 的导数，那么可得到

$$\frac{\partial C_{\mathrm{d2d}}}{\partial\tau} = (2 - \mathrm{e}^{-\lambda_0\pi R^2}) - \left(\frac{1}{2}\pi^2 R_{10}^2 T^{\frac{1}{2}} + \frac{2}{9}\pi^2 R^2\left(\frac{P_{\mathrm{d2d}}}{P_{\mathrm{CeUE}}}\right)^{\frac{1}{2}}\left(\frac{T}{\tau}\right)^{\frac{1}{2}}(1 - \mathrm{e}^{-\lambda_0\pi R^2})\right)\lambda_1 \qquad (5-4-8)$$

在得到式（5－4－8）的时候，利用了 λ_0 和 λ_1 是非常小的值，从而使指数部分近似为 1，因此对于任意固定的 τ，从等式 $\frac{\partial C_{\mathrm{d2d}}}{\partial\tau} = 0$ 中，能够得到 λ_1 唯一的解：

$$\lambda_{1,\mathrm{opt}} = \frac{2 - \mathrm{e}^{-\lambda_0\pi R^2}}{\frac{1}{2}\pi^2 R_{10}^2 T^{\frac{1}{2}} + \frac{2}{9}\pi^2 R^2\left(\frac{P_{\mathrm{d2d}}}{P_{\mathrm{CeUE}}}\right)^{\frac{1}{2}}\left(\frac{T}{\tau}\right)^{\frac{1}{2}}(1 - \mathrm{e}^{-\lambda_0\pi R^2})} \qquad (5-4-9)$$

当 τ 固定时，存在一个优化 λ_1 值：

$$\lambda_1^* = \begin{cases} \lambda_{1,\mathrm{opt}} & \lambda_{1,\mathrm{opt}} \leq \lambda_{1,\max} \\ \lambda_{1,\max} & \lambda_{1,\mathrm{opt}} > \lambda_{1,\max} \end{cases} \tag{5-4-10}$$

最后提出一中蜂窝协作下的 D2D 用户密度优化的实现算法，用于获得最大的 D2D 传输容量，具体算法细节如下：

算法 1：蜂窝协作的 D2D 用户密度优化的实现算法

初始化：

设置 λ_0，P_{CeUE}，P_{d2d}，R_{10}，R，R_B，θ_0，θ_1，θ_2，T 的初始值。

$\alpha=4$，$k=0$，$\tau_0=0$（$0<\Delta\tau \ll 1$），$\tau^*=0$，$\lambda_1^*=0$，$C_{\mathrm{D2D}}^*=0$。

循环：

for $k \leftarrow k+1$ **do**
  if $\tau_k > 1$ **then**
    Break out;
  end if
  Calculate $\lambda_{1,\max}$，$\lambda_{1,\mathrm{opt}}$；
  if $\lambda_{1,\max} > \lambda_{1,\mathrm{opt}}$ **then**
    $\lambda_{1,\mathrm{k}}^* = \lambda_{1,\mathrm{opt}}$；
  else
    $\lambda_{1,k}^* = \lambda_{1,\max}$；
  end if
  $C_{\mathrm{D2D},k} = C_{\mathrm{D2D}} \big|_{(\tau_k, \lambda_{1,k}^*)}$；
  if $C_{\mathrm{D2D}}^* < C_{\mathrm{D2D},k}$ **then**
    $\lambda_1^* = \lambda_{1,k}^*$，$\tau^* = \tau_k$，$C_{\mathrm{D2D}}^* = C_{\mathrm{D2D},k}$；
  end if
end for

返回优化值 λ_1^*，τ^*，C_{D2D}^*。

5.5 仿真结果与分析

这部分中，将会给出所提出的蜂窝协作下的 D2D 通信方案的仿真结果，系统中关键的仿真参数如表 5-5-1 所示，并且表格中仅给出了默认值，一些参数可能会随着仿真的不同情况有所变化，具体会在后面的讨论中单独说明。

表 5-5-1　蜂窝用户协作下的蜂窝与 D2D 混合网络仿真关键参数

仿真参数	物理含义	值
λ_0	蜂窝用户密度	$0.000\,01\ m^{-2}$
λ_1	D2D 用户密度	$0.000\,01\ m^{-2}$
P_{CeUE}	蜂窝用户功率	24 dBm
P_{D2D}	D2D 功率	24 dBm
α	路损系数	4
θ_0，θ_1，θ_2	中断概率约束	0.05
R_{10}	D2D 传输距离	10 m
R	最大 D2D 传输距离	30 m
R_B	小区半径	500 m
T	D2D 通信成功传输 SINR 阈值	1 dB
τ	AUE 功率分配系数	0.1

图 5-5-1 显示了 D2D 传输容量、蜂窝用户密度和 D2D 用户密度三者之间的关系，图 5-5-1（a）和（b）分别表示当 $R_{10}=10$ m 和 $R_{10}=12$ m 时的 D2D 传输容量。其他参数则和表 5-5-1 中的一样，首先从图 5-5-1 中能够看出更短的 D2D 传输距离可以带来更多的 D2D 传输容量增益。其次，D2D 传输容量将会随着蜂窝用户密度的增加而减小，这是因为较大蜂窝密度的蜂窝网络将会给 D2D 网络造成更大干扰。而当 D2D 用户密度很小时，D2D 传输容量随着 D2D 用户密度的增加而增加，这是因为较大的 D2D 用户密度也能够导致 D2D 网络自身产生严重干扰。

图 5-5-2 和图 5-5-3 显示出 D2D 传输容量和 D2D 用户密度在不同的系统参数下的关系，在图 5-5-2 中，$\lambda_0=1\times10^{-5}m^{-2}$，$R_{10}=10$ m，而在图 5-5-3 中，$\lambda_0=5\times10^{-5}m^{-2}$，$R_{10}=20$ m，$P_{D2D}=15$ dBm，曲线的阴影部分表示在 D2D 用户密度 λ_1 可行域下的 D2D 传输容量。对比图 5-5-2 和图 5-5-3，能够看到：当 P_{D2D} 和 λ_0 很小，R_{10} 很大时，λ_1 的可行域很宽，因此 D2D 的传输容量能够取到峰值；而当 P_{D2D} 和 λ_0 很大，但 R_{10} 很小时，λ_1 的可行域很窄，此时 D2D 传输容量最大值仅能够在 λ_1 的边界处取到。

图 5-5-4 给出了在不同功率分配系数 τ 下优化的 D2D 传输容量，蜂窝用户密度为 $\lambda_0=1\times10^{-6}m^{-2}$。能够看出，当 D2D 发送功率很低时，具有较低 τ 值的 D2D 传输容量增加很快，这是由于 AUE 辅助 D2D 传输时受到的来自 D2D 通信的干扰变小所致，因此在这种情况下，D2D 传输容量能够达到它的峰值。但是当提升 D2D 功率时，协作 D2D 的传输将会受到严重的干扰，

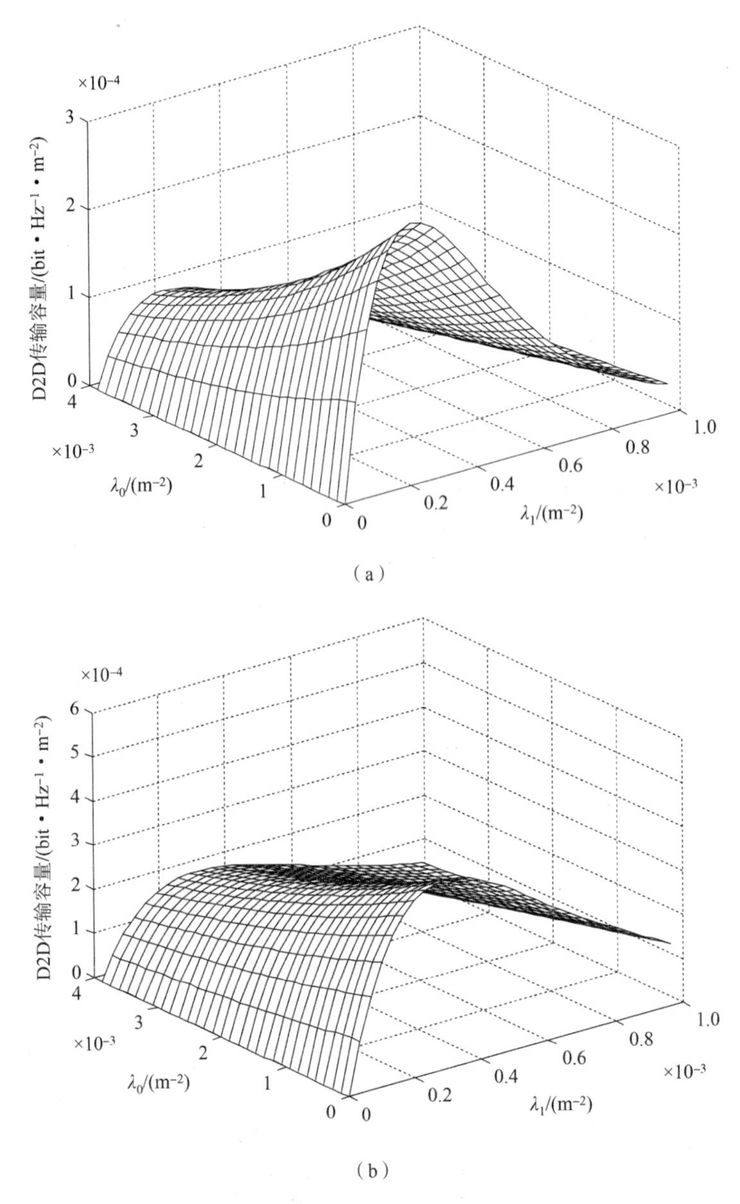

（a）

（b）

图 5－5－1　D2D 传输容量同蜂窝和 D2D 用户密度之间的关系

（a）$R_{10}=10$ m；（b）$R_{10}=12$ m

因此能够看到 D2D 传输容量开始下降。另一方面，更大的功率系数 τ 能够增强 D2D 网络的抗干扰能力，这是因为蜂窝协作传输的能力得到了增强。因此只有更高的 D2D 传输功率能够减小 AUE 带来的协作传输容量增益。因此 D2D 传输容量能够在一个更高的 D2D 发送功率水平上保持其峰值。另外，

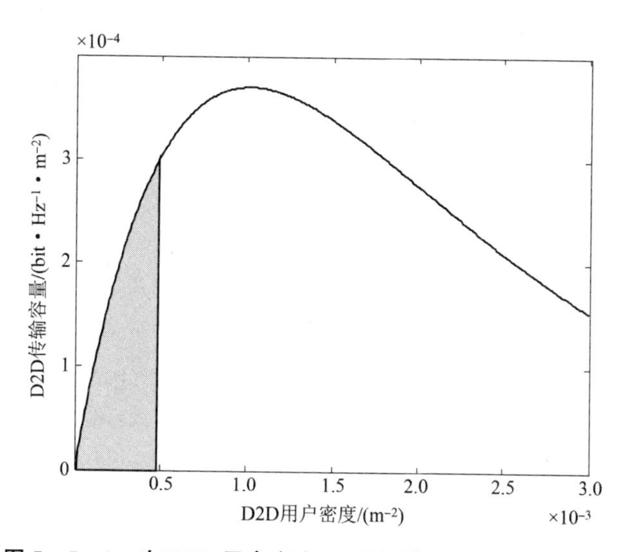

图 5-5-2　在 D2D 用户密度 λ_1 可行域下的 D2D 传输容量

$\lambda_0=1\times10^{-5}\ \mathrm{m}^{-2}$，$R_{10}=10\ \mathrm{m}$

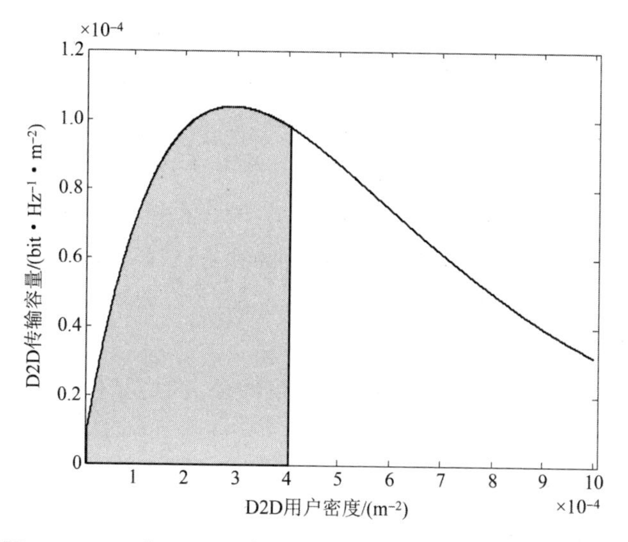

图 5-5-3　在 D2D 用户密度 λ_1 可行域下的 D2D 传输容量

$\lambda_0=5\times10^{-5}\ \mathrm{m}^{-2}$，$R_{10}=20\ \mathrm{m}$

从下方的两条直线可以看到更高的 τ 能够使 D2D 网络的传输容量变得更小。而由于蜂窝通信中断概率的约束，不能无限扩大 AUE 的功率分配系数 τ。为了不使 AUE 的蜂窝传输发生掉话现象，那么当 τ 越高时，D2D 用户密度就应该越低，因此当功率分配系数等于 1 时，在图中最底部的直线显示 D2D 传输容量几乎为 0，这是因为 AUE 不能够把全部的功率都用于 D2D 的传输。

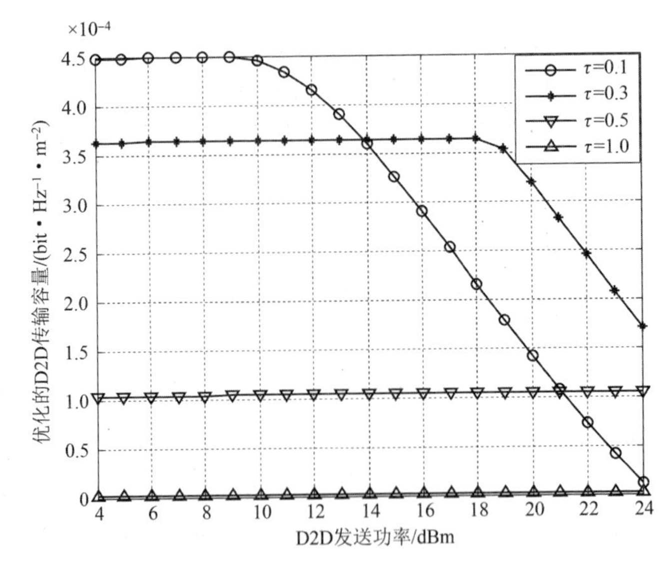

图 5-5-4　优化的 D2D 传输容量同 D2D 发送功率之间的关系

图 5-5-5 给出了在不同蜂窝用户密度下，优化的 D2D 传输容量同蜂窝用户发送功率的关系，改变 $\lambda_0 = 1 \times 10^{-6} \mathrm{m}^{-2}$，$R = 20$ m，并且固定功率系数 τ 为 0.1。从图中能够看到一方面 D2D 传输容量随着蜂窝用户密度的增加而下降，并且这种下降的趋势在蜂窝用户密度比较大的时候变得比较明显，这是由于越密集的蜂窝用户密度将会造成 D2D 系统受到越多的干扰；而另一方面，在系统中存在有 AUE，当提高 AUE 发送功率时，D2D 接收机会得到更高的蜂窝协作传输功率带来的增益，因此当蜂窝功率上升时，D2D 传输容量也随之上升。

图 5-5-6 表示优化的 D2D 传输容量同最大 D2D 传输距离之间的关系，能够看到当 D2D 功率低于蜂窝用户功率，并且当 D2D 最大传输距离很短时，D2D 传输容量能够达到其峰值，但是当 D2D 传输距离变长，优化的 D2D 用户密度值仅能够取到 λ_1 取值范围的边界值时，优化的 D2D 传输容量开始下降。从上部分的两条曲线能够看到，在 AUE 的帮助下，D2D 传输容量提升比较明显，而当网络中提升 D2D 发送功率时，D2D 传输容量的峰值提升则不是很明显。并且高的 D2D 发送功率将会导致 λ_1 取值范围的缩小，从而使优化的 D2D 传输容量低于峰值。当取到 λ_1 取值范围边界值时，D2D 容量能够达到最大的情况，如果继续增大 D2D 传输距离，那么 λ_1 取值范围边界值由于受到来自中断概率等因素的约束，会变得越来越小，从而使最优的 D2D 传输容量也开始下降。此外，从图 5-5-6 中也能够知道提升 SINR 阈值 T

能够使 D2D 传输容量降低，这是因为 SINR 阈值的提高等价于提高了成功传输概率的标准。从底部的曲线可以看到，当蜂窝用户的密度很高时，λ_1 的边界值被压缩得很厉害，在这样一种情况下，系统的干扰非常高，D2D 传输容量也很低。

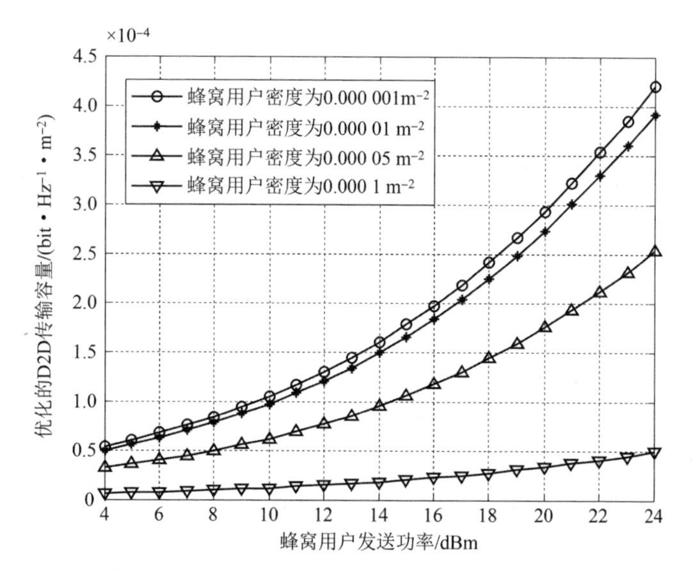

图 5-5-5　优化的 D2D 传输容量同蜂窝用户发送功率之间的关系

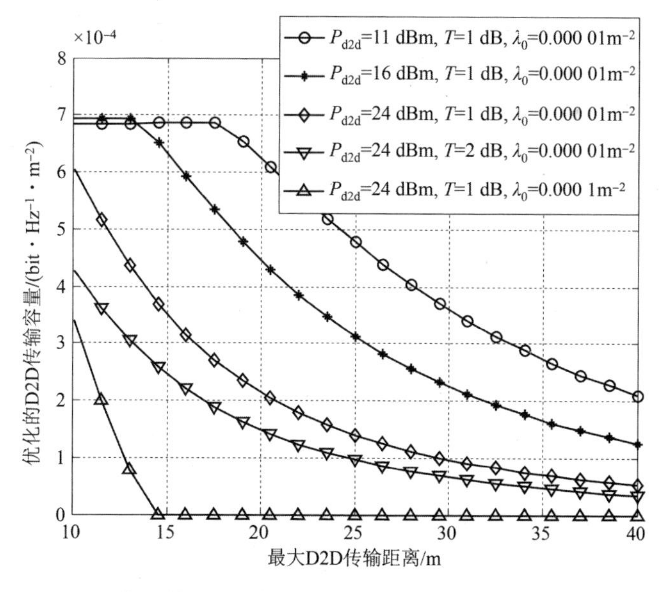

图 5-5-6　优化的 D2D 传输容量同最大 D2D 传输距离之间的关系

5.6 本章小结

本章分析了蜂窝与D2D混合网络中蜂窝用户协作的D2D传输容量，通过引入一种蜂窝用户协作机制，系统中的蜂窝用户能够分配一部分功率用来协作D2D终端进行通信，同时也能够保持其自身的蜂窝通信。利用随机几何，首先对系统进行数学建模，并且给出了D2D传输容量表达式。接着本章在AUE功率分配系数固定时，进一步对D2D传输容量进行了优化，最后通过设计一种蜂窝协作下D2D用户密度优化的实现算法用于求得优化的D2D传输容量，从仿真中能够看出D2D用户密度的取值范围受到系统不同参数的影响，并且仿真结果显示D2D传输容量是否能够取到峰值取决于系统中的干扰的严重程度，而当AUE的功率分配系数很大时，优化的D2D传输容量的抗干扰特性增强，并且蜂窝用户协作带来的容量增益受制于中断概率等因素，而最后的仿真结果也证明了D2D传输容量受到系统中干扰的影响。

第 6 章

基于深度强化学习的 D2D 频谱接入机制优化

6.1 引　　言

在传统蜂窝网络中，蜂窝用户之间需要通过基站中转进行通信，这有利于基站对蜂窝用户的管理和控制，但势必增加传输时延。D2D 通信是距离相近的两个通信终端直接进行数据传输而不是通过基站和连接的网络进行通信的通信机制，已成为第五代移动通信（5G）的关键技术之一。将 D2D 通信引入蜂窝网络中，允许距离相近的两个用户终端组成 D2D 对，直接进行信息传输，能够有效提高通信质量、降低传输时延。此外，D2D 用户可以复用蜂窝用户资源，提高频谱利用率，但由此也会对蜂窝用户造成干扰。在引入了 D2D 通信的蜂窝网络中，基站既要对蜂窝通信进行管理和控制，又要发现和管理 D2D 用户，还要协调控制两种通信方式，避免产生过大干扰，这大大增加了基站的工作负担，且不利于通信质量的保障。如果没有基站协作调度，蜂窝用户的频谱接入机制对于 D2D 用户而言是未知的，此时利用深度强化学习（DRL）技术，将 D2D 用户终端当作智能体，使其在没有任何先验信息的情况下，以最大化某一系统性能为目标，通过与环境互动自主学习到最优的频谱接入策略，减轻基站负担的同时，还可以优化系统性能，具有非常重要的实际意义。

本章在此基础上，对 D2D 和蜂窝用户共存的混合网络进行详细分析，提出了一种基于 DRL 的 D2D 频谱接入方案，该方案基于蜂窝用户位置综合考虑了 D2D 正交和非正交两种接入方式，在尽量保证蜂窝用户通信质量的前提下提高频谱利用率。其中，D2D 用户学习基于蜂窝用户位置和 D2D 通信模式的联合条件在两种接入方式之间进行切换，以实现最大化系统总吞吐量的目标。挑战在于这里假设 D2D 用户事先不知道系统先验信息，如蜂窝用户的频谱接入机制以及接入方式切换条件等。因此，本章设计了基于双深

度 Q 网络（double deep Q - network，DDQN）的 D2D 频谱接入算法，该算法使得 D2D 用户能够在不知道系统任何先验信息的情况下，自主学习到最佳接入策略，从而实现最大化系统总吞吐量的目标。

6.2 D2D 频谱接入系统模型

如图 6-2-1 所示，这里考虑的是 D2D 和蜂窝用户共存的混合网络的上行链路场景，假设蜂窝小区中基站（BS）处在小区的中心，小区中包含 L 个 D2D 用户和 K 个蜂窝用户（cellular user equipment，CUE）。D2D 用户成对存在，每个 D2D 对由一个发射终端（DT）和一个接收终端（DR）组成。假设 D2D 用户在小区中的位置固定不变，蜂窝用户的位置随时间发生变化。D2D 用户和蜂窝用户共用蜂窝通信上行链路频段，通过时间加以区分，即采用的是时分复用的接入方式。具体来说，将时间划分为时间帧的形式，每帧包含 Y 个时隙，其中任意 $X(X\leqslant Y)$ 个时隙被蜂窝用户占用（蜂窝用户之间资源正交无干扰），而蜂窝用户的时隙接入策略对于 D2D 用户而言是未知的。这里假设用户数据以数据包的形式发送，只有在每个时隙的开始时刻用户才可以开始发送数据，并应在该时隙内结束当前数据发送。本章的主要目的就是探究如何利用 DRL 技术使 D2D 用户在不知道任何系统先验信息的情况下，通过与环境互动、不断试错学习到最优的频谱接入策略以最大化系统总吞吐量。

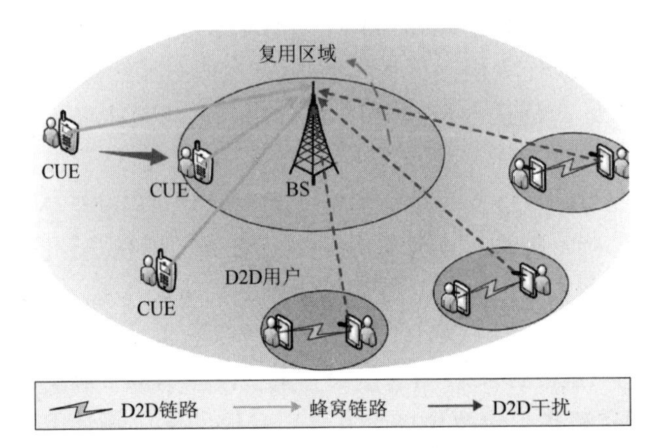

图 6-2-1　考虑用户移动过程的 5G D2D 动态频谱接入场景

这里考虑 D2D 用户可以采用的接入方式有两种：接入与蜂窝用户资源正交的空闲资源（即正交接入方式），此时彼此之间无干扰；在保证蜂窝用户通信的前提下可以复用蜂窝用户资源（即非正交接入方式）。假设同一时隙最多只有一对 D2D 用户通信（即 D2D 之间资源正交），当 D2D 复用蜂窝用户资源时，蜂窝用户的 SINR（signal to interference plus noise ratio，信干噪比）可以表示为

$$\gamma = \frac{P_{\mathrm{c}} G_{\mathrm{c}}^{\mathrm{B}}}{\sigma^2 + P_{\mathrm{d}} G_{\mathrm{d}}^{\mathrm{B}}} \tag{6-2-1}$$

式中，σ^2 是高斯白噪声功率；P_{c}、P_{d} 分别是蜂窝用户和 D2D 发射终端的发射功率；$G_{\mathrm{c}}^{\mathrm{B}}$ 是蜂窝链路信道增益；$G_{\mathrm{d}}^{\mathrm{B}}$ 是 D2D 发射终端与基站之间链路的信道增益。这里先考虑具有相同 $G_{\mathrm{d}}^{\mathrm{B}}$ 的 D2D 作为一组由一个智能体管理，比如可以根据 D2D 发射终端接收到的由基站发射来的导频信号的强度，假设具有相同接收信号强度的 D2D 具有相似的 $G_{\mathrm{d}}^{\mathrm{B}}$，在 σ^2、P_{c}、P_{d} 不发生变化的情况下，蜂窝用户的 SINR 只与 $G_{\mathrm{c}}^{\mathrm{B}}$ 有关。为了保证蜂窝用户的通信质量，蜂窝用户的 SINR 必须高于某一阈值 γ_{th}，即 $\frac{P_{\mathrm{c}} G_{\mathrm{c}}^{\mathrm{B}}}{\sigma^2 + P_{\mathrm{d}} G_{\mathrm{d}}^{\mathrm{B}}} \geqslant \gamma_{\mathrm{th}}$，整理得 $G_{\mathrm{c}}^{\mathrm{B}} \geqslant \frac{\gamma_{\mathrm{th}}(\sigma^2 + P_{\mathrm{d}} G_{\mathrm{d}}^{\mathrm{B}})}{P_{\mathrm{c}}}$。已知 $G_{\mathrm{c}}^{\mathrm{B}} \propto d^{-n}$（例如在自由空间中 $n=2$，d 是蜂窝用户到基站的距离），所以蜂窝用户和基站之间的距离存在一个门限值 d_{th}。当蜂窝用户距离基站足够近时（即 $d \leqslant d_{\mathrm{th}}$），即便 D2D 复用蜂窝用户资源，基站接收到的蜂窝信号的 SINR 依旧满足通信质量要求，所以此时 D2D 可以复用蜂窝用户资源（即非正交接入方式）；当蜂窝用户距离基站较远时（即 $d > d_{\mathrm{th}}$），此时基站接收到的蜂窝信号的 SINR 太差，D2D 只能选择与蜂窝用户时隙正交的时隙接入频谱以保证蜂窝用户通信质量（即正交接入方式）。也就是说，D2D 用户需要根据蜂窝用户的位置在两种频谱接入方式（非正交接入和正交接入）之间进行选择，以避免引起严重的干扰。如图 6-2-1 所示，为了描述方便，这里假设蜂窝小区是半径为 R 的圆形区域，以基站为中心半径为 d_{th} 的圆形区域称为“复用区域”，也就是说只有当某个蜂窝用户移动到“复用区域”之内，D2D 才可以复用这个蜂窝用户占用的时隙，否则只能接入与蜂窝用户相正交的时隙。例如，我们假设 CUE1 位于“复用区域”内，占据一帧中的第 1、4、7、9 个时隙，而 CUE2 在“复用区域”之外，占据一帧中的第 2、6、8、10 个时隙，则一帧包含 10 个时隙的频谱接入情况如图 6-2-2 所示。

通过和环境互动，D2D 需要借助 DRL 技术自主感知到“复用区域”的存在并学习到基于蜂窝用户位置选择接入方式这一策略。此外，考虑到 D2D 用户有时需要通过基站转发与较远端设备通信，这里假设 D2D 有两种通信

模式——D2D 模式和普通的蜂窝通信模式，并引入“D2D 通信概率 p”来表示 D2D 用户处于 D2D 模式的概率。只有当 D2D 用户处于 D2D 模式时，才允许其复用蜂窝用户时隙资源，这一准则也需要 D2D 通过与环境交互自主学习。

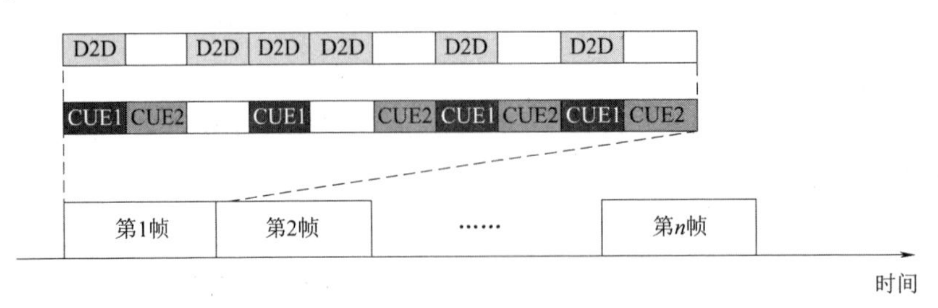

图 6-2-2　D2D 动态频谱接入示例

6.3　基于深度强化学习的频谱接入算法设计

6.3.1　DRL 基本要素设计

在具体的方案设计中，可以将所有的 D2D 看成一个集中式的智能体，也可以将每个 D2D 用户看成是一个独立的智能体，但是多智能体问题的训练需要更多的时间和空间资源，而且还要考虑 D2D 用户之间的竞争冲突问题。因此，这里采用的是集中式的 DRL 算法，利用一个集中式的智能体管理协调所有 D2D 用户的通信。如图 6-3-1 所示，根据 DRL 算法框架，智能体在每个时隙的开始时刻与环境互动，根据观察到的信息不断学习从而为 D2D 选择合适的接入方式以最大化系统总吞吐量。具体来说，智能体根据观

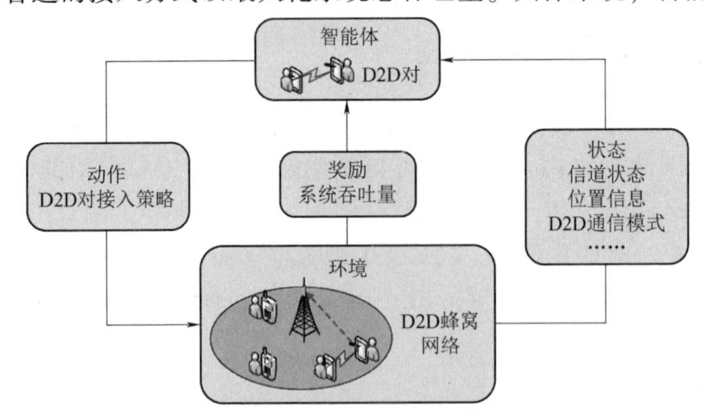

图 6-3-1　基于 DRL 的频谱接入算法框架

察到的信息决定D2D能否接入当前时隙，如果可以再决定哪一个D2D接入，被选中的D2D发送完信号以后会收到反馈信息并将这一信息传给智能体。集中式智能体和D2D之间的协调信息可以通过控制信道发送，该控制信道可以是在每个数据传输的时隙之后的一个短时隙，也可以有其他实现方式，这里不做过多讨论。由于系统模型中考虑的是一个时隙网络，为了便于分析，这里假设用户在一个时隙内发送完一个数据包，并且数据包发送是饱和的，即用户一直有数据包待发送，并且假设只要数据包发送且没有发生冲突就算数据包发送成功。

关于"动作"、"状态"和"奖励"的具体定义如下所示：

· 动作（action）：智能体采取的动作决定D2D是否接入当前时隙以及哪一个D2D接入。因此，可以将动作集定义为$\{0, 1, 2, \cdots, L\}$，其中L表示小区中D2D的数量。$a_t = 0$的动作表示D2D在当前时隙不发送数据，$a_t = i(i = 1, 2, \cdots, L)$的动作表示在当前时隙第$i$个D2D发送数据。

· 状态（state）：智能体会监听信道状态，因此我们首先定义智能体在采取行动a_t后观察到的信道状态为$c_t \in \{$SUCCESSFUL，IDLE，FAILED，REUSE$\}$，其中SUCCESSFUL表示在当前时隙有且只有一个用户发送数据包，则不会发生冲突，数据发送成功；IDLE表示在当前时隙没有用户发送数据；FAILED表示当前时隙被蜂窝用户占用，D2D复用并严重干扰蜂窝通信导致发生冲突；REUSE表示D2D与蜂窝用户成功共享当前时隙。此外，智能体需要根据蜂窝用户位置及D2D通信模式的联合条件决定频谱接入方式，所以智能体需要维持一个距离向量$\boldsymbol{d} = [d_1, d_2, \cdots, d_K]$来保存蜂窝用户和基站之间的距离信息，其中$K$表示小区中的蜂窝用户数量（这里假设基站可以通过一些无线定位技术获得蜂窝用户的位置信息，并将该信息保存在数据库中，然后智能体可以从基站获得蜂窝用户的位置信息）。D2D需要与智能体共享模式信息，因此，存在一个模式向量$\boldsymbol{m} = [m_1, m_2, \cdots, m_L]$，其中$m_i(i = 1, 2, \cdots, L)$为1或0，表示第$i$个D2D是否在D2D模式下。然后，这里将智能体在$t+1$时刻对环境的观察定义为$o_{t+1} = [a_t, c_t, \boldsymbol{d}_{t+1}, \boldsymbol{m}_{t+1}]$，则$t+1$时刻的环境状态定义为$s_{t+1} = [o_{t-M+2}, \cdots, o_t, o_{t+1}]$，其中$M$表示历史状态信息长度。

· 奖励（reward）：奖励函数由信道状态决定，智能体执行动作 a_t 后得到的奖励 r_{t+1} 定义为

$$r_{t+1}=\begin{cases}0, & c_t=\text{IDLE or FAILED}\\ 1, & c_t=\text{SUCCESSFUL}\\ 2, & c_t=\text{REUSE}\end{cases} \tag{6-3-1}$$

此处奖励函数的定义与最大化总吞吐量的目标相关。

6.3.2 算法流程

此处使用的算法是属于 value - based 类的 DDQN 算法，它是 DQN 算法的衍生，而 DQN 算法是结合 Q - learning 与神经网络发展而来的，所以此处先从 Q - learning 算法开始介绍。Q - learning 是一种典型的 RL 算法，它定义一个动作价值函数（Q 函数）作为目标函数，具体来说，智能体在当前状态 s 下根据某一策略 π 采取动作 a 后的 Q 函数定义为 $Q^{\pi}(s,a)=E_{\pi}[R_t \mid s_t=s, a_t=a]$。$Q$ - learning 不断维护更新一张 Q 值表，用以查找最优策略 π^* 以最大化动作价值函数，即 $Q^*(s,a)=\max\limits_{\pi} Q^{\pi}(s,a)$，根据贝尔曼最优方程可表示如下：

$$Q^*(s,a)=E[r_{t+1}+\gamma \max_{a'} Q^*(s_{t+1},a') \mid s_t=s,a_t=a] \tag{6-3-2}$$

智能体在一系列离散的时刻与环境互动，以四元组 $(s_t,a_t,r_{t+1},s_{t+1})$ 的形式搜集经验数据，用于根据如下公式更新 Q 值：

$$Q(s_t,a_t)=Q(s_t,a_t)+\alpha(r_{t+1}+\gamma \max_{a} Q(s_{t+1},a)-Q(s_t,a_t)) \tag{6-3-3}$$

式中，$\alpha\in[0,\ 1)$ 是学习率。此外，智能体根据 Q 值选择策略时采用的是 ε 贪婪法，即在时刻 t，智能体以 ε 的概率在所有可能的动作中随机选取 a_t，以 $1-\varepsilon$ 的概率选择使 $Q(s_t,a_t)$ 最大的 a_t。

一般来说，Q - learning 算法在动作和状态空间较小时能够取得很好的性能。但是，当状态空间或动作空间很大时，Q - learning 中维持的 Q 值表规模剧增，将花费大量的时间和空间资源来使得算法收敛，因此人们想到用深度学习（DL）中神经网络的思想来升级 Q - learning 算法，结合 RL 和 DL 的优势提出 DRL 方法论。DQN 是最流行的 DRL 算法之一，它通过引入神经网络（这里简称 Q 网络）来近似表示 Q 函数而不是维护更新一张 Q 值表。具

体而言，Q 网络获得输入状态 s_t 并输出对当前状态下所有可能动作估计的 Q 值，即 $q(s_t,a_t;\theta) \approx Q(s_t,a_t)$，$a_t \in A$，其中 θ 表示神经网络参数。在 DQN 中，神经网络通过梯度下降的方法最小化损失函数来更新神经网络参数以达到优化拟合 Q 函数的目的，其中损失函数定义为

$$\text{Loss}(\theta)=E[(y_t-q(s_t,a_t;\theta))^2] \tag{6-3-4}$$

式中，y_t 是目标 Q 值，定义为

$$y_t=r_{t+1}+\gamma \max_{a} q(s_{t+1},a;\theta) \tag{6-3-5}$$

神经网络参数更新公式为

$$\theta=\theta+\alpha E[(y_t-q(s_t,a_t;\theta))\nabla q(s_t,a_t;\theta)] \tag{6-3-6}$$

此外，DQN 中有一个经验回放池，以 $(s_t,a_t,r_{t+1},s_{t+1})$ 的形式存储智能体收集的经验数据，用于从中随机抽取一批经验数据以式（6-3-6）中定义的方式训练神经网络。为了提高算法的稳定性，DQN 还采用了“双重网络”的方法，即在训练过程中还有另一个神经网络参数为 θ' 的目标 Q 网络（之前的神经网络称为当前 Q 网络）用以计算目标 Q 值，则式（6-3-5）中定义的目标 Q 值 y_t 替换为

$$y_t=r_{t+1}+\gamma \max_{a} q(s_{t+1},a;\theta') \tag{6-3-7}$$

每隔一定的交互时刻，用参数 θ 更新参数 θ'。

结合 Q-learning 与神经网络发展而来的 DQN 算法仍然存在一些问题，例如过估计，即估计的 Q 值可能高于真实的 Q 值。因此，这里采用 DDQN 算法来设计 D2D 频谱接入，该算法通过解耦动作选择与目标 Q 值的估计来防止过估计，即使用目标 Q 网络估计目标 Q 值时选择的动作是由当前 Q 网络而不是目标 Q 网络产生的，即目标 Q 值为

$$y_t=r_{t+1}+\gamma q(s_{t+1},a;\theta') \tag{6-3-8}$$

式中，$a=\arg\max_{a} q(s_{t+1},a;\theta)$。DDQN 算法流程如下：

算法 1　Double Deep Q-Network

输入：迭代次数 T，目标 Q 网络参数更新频率 C，训练间隔 δ，探索率 ε，衰减因子 γ，学习率 α，批量梯度下降的样本数 N_E

输出：Q 网络参数

1：　随机初始化所有的状态和动作对应的价值函数
2：　随机初始化当前 Q 网络参数 θ，初始化目标 Q 网络参数 $\theta'=\theta$
3：　初始化状态并清空经验回放池 D
4：**for** $t=1,2,\cdots,T$ **do**

5： 当前 Q 网络输入状态 s_t，输出所有动作对应的 Q 值 $Q=\{q(s_t,a_t;\theta)\mid a_t\in A\}$

6： 用 ε 贪婪法在当前 Q 值中选择对应的动作 a_t

7： 执行动作 a_t，得到奖励 r_{t+1}和下一状态 s_{t+1}

8： 将四元组（s_t,a_t,r_{t+1},s_{t+1}）存入经验回放池 D

9： 每隔 C 步用 θ 更新 θ'

10： 每隔 δ 步执行 TRAIN QNN

11： **end for**

12： **procedure** TRAIN QNN（γ,α,N_E）

13： 从 D 中随机选取 N_E个经验数据组成 E

14： **for** $e=(s,a,r,s')$ in E **do**

15： $a'=\arg\max_a q(s',a;\theta)$

16： 计算目标 Q 值 $y_e=r+\gamma q(s',a';\theta')$

17： **end for**

18： 梯度下降更新 θ:$\theta=\theta+\frac{\alpha}{N_E}\sum_{e\in E}[y_e-q(s,a;\theta)]\nabla q(s,a;\theta)$

19： **end procedure**

6.4 基于深度强化学习的频谱接入算法优化

6.4.1 目标函数优化

在6.3小节的算法设计中，式（6-3-1）中定义的奖励函数代表了所有用户总的传输结果，Q 函数与所有用户的总吞吐量相关，算法的目标是最大化系统总吞吐量。然而，这个目标可以使智能体学习到最大化总吞吐量的最优策略，却不能指导智能体学习到在 D2D 用户之间分配时隙资源的最优策略。举个例子，如果有多个 D2D 用户处于 D2D 模式并且当前时隙允许 D2D 接入，此时无论选择哪个 D2D 都能满足最大化总吞吐量的目标，智能体将不知道选择哪个 D2D 是最优的，从而导致 D2D 对之间资源分配的不公平以及单个 D2D 用户吞吐量的波动性，影响用户体验感。为了解决这个问题，这里考虑将目标函数和 Q 函数分离，使传统的将 Q 函数当作目标函数的 Q-learning 算法更加一般化，新的目标函数定义为：$\sum_{i=1}^{L+1}\log_2(v^{(i)})$，其中 $v^{(i)}(i=1,2,\cdots,L)$ 代表第 i 个 D2D 用户的吞吐量，$v^{(L+1)}$ 是所有蜂窝用户的总吞吐量。

接下来首先根据优化后的算法目标重新设计算法中的奖励函数，智能体收到的反馈奖励是一个 $L+1$ 维的向量，表示为 $[r^{(i)}]_{i=1}^{L+1}$，其中 $r^{(i)}$ $(i=1,2,\cdots,L)$ 代表第 i 个 D2D 对的传输结果，$r^{(L+1)}$ 是蜂窝用户的传输结果。只有当第 $i(i=1,2,\cdots,L+1)$ 个用户传输成功，$r^{(i)}$ 才可以赋值为 1，否则为 0。具体来说，$r_{t+1}^{(i)}(i=1,2,\cdots,L)$ 只在以下两种情况下可以为 1：$a_t=i$ 并且 $c_t=\text{SUCCESSFUL}$ 或者 $c_t=\text{REUSE}$。$r_{t+1}^{(L+1)}$ 只在以下两种情况下可以为 1：$a_t=0$ 并且 $c_t=\text{SUCCESSFUL}$ 或者 $c_t=\text{REUSE}$。相应地，智能体维持的 Q 函数也是一个 $L+1$ 维向量，表示为 $[Q^{(i)}(s,a)]_{i=1}^{L+1}$，其中 $Q^{(i)}(s,a)(i=1,2,\cdots,L+1)$ 是第 i 个用户的累计衰减奖励和，由此它和第 i 个用户的吞吐量相关。关于新定义的目标函数，由于实际的吞吐量结果很难获得，这里用神经网络估计的 Q 值 $q^{(i)}(s,a;\theta)$ 代替相应的 $v^{(i)}$。有关智能体、动作和环境状态的定义与 6.3.1 小节相同。由于目标函数发生变化，智能体根据 ε 贪婪法选择动作时，以 $1-\varepsilon$ 的概率选择使得 $\sum_{i=1}^{L+1}\log_2(q^{(i)}(s_t,a_t;\theta))$ 最大的 a_t。式（6－3－4）和式（6－3－8）中定义的损失函数和目标 Q 值也要进行相应的更新，如下所示：

$$\text{Loss}(\theta)=E\left[\frac{1}{L+1}\sum_{i=1}^{L+1}(y_t^{(i)}-q^{(i)}(s_t,a_t;\theta))^2\right] \tag{6-4-1}$$

$$y_t^{(i)}=r_{t+1}+\gamma q^{(i)}(s_{t+1},a;\theta') \tag{6-4-2}$$

式中，$a=\arg\max\limits_a\sum_{i=1}^{L+1}\log_2(q^{(i)}(s_{t+1},a;\theta))$。神经网络参数 θ 的更新公式修改为

$$\theta=\theta+\alpha E\left[\frac{1}{L+1}\sum_{i=1}^{L+1}(y_t^{(i)}-q^{(i)}(s_t,a_t;\theta))\nabla q^{(i)}(s_t,a_t;\theta)\right] \tag{6-4-3}$$

6.4.2　算法流程介绍

本章中改进后的算法仍然是基于 DDQN 设计的，改进后的算法流程如下：

算法 2　公平性目标下的频谱接入算法
输入：迭代次数 T，目标 Q 网络参数更新频率 C，训练间隔 δ，探索率 ε，衰减因子 γ，学习率 α，批量梯度下降的样本数 N_E 输出：Q 网络参数

1： 随机初始化所有的状态和动作对应的价值函数
2： 随机初始化当前 Q 网络参数 θ，初始化目标 Q 网络参数 $\theta' = \theta$
3： 初始化状态并清空经验回放池 D
4：**for** $t = 1, 2, \cdots, T$ **do**
5： 当前 Q 网络输入状态 s_t，输出所有动作对应的 Q 值 $Q = \{q^{(i)}(s_t, a; \theta) \mid a \in A, i = 1, 2, \cdots, L+1\}$
6： 用 ε 贪婪法在当前 Q 值中选择对应的动作 a_t
7： 执行动作 a_t，得到奖励 $[r^{(i)}]_{i=1}^{L+1}$ 和下一状态 s_{t+1}
8： 将四元组 $(s_t, a_t, [r^{(i)}]_{i=1}^{L+1}, s_{t+1})$ 存入经验回放池 D
9： 每隔 C 步用 θ 更新 θ'
10： 每隔 δ 步执行 TRAIN QNN
11：**end for**
12：**procedure** TRAIN QNN (γ, α, N_E)
13： 从 D 中随机选取 N_E 个经验数据组成 E
14： **for** $e = (s, a, r, s')$ in E **do**
15： $a' = \arg\max\limits_{a} \sum\limits_{i=1}^{L+1} \log_2(q^{(i)}(s', a; \theta))$
16： 计算目标 Q 值 $y_e^{(i)} = r^{(i)} + \gamma q^{(i)}(s', a'; \theta')$
17：**end for**
18： 梯度下降更新 θ：$\theta = \theta + \frac{\alpha}{N_E} \sum\limits_{e \in E} \frac{1}{L+1} \sum\limits_{i=1}^{L+1} [y_e^{(i)} - q^{(i)}(s, a; \theta)] \nabla q^{(i)}(s, a; \theta)$
19：**end procedure**

6.5 试验参数选择与性能评估

6.5.1 试验参数选择

仿真试验使用 Python 语言编写，基于 Tensorflow 平台训练神经网络。根据强化学习框架确定程序设计主要包含四部分：环境部分的构建、智能体的设计（基于 DDQN 算法设计智能体各项操作）、主函数完成智能体与环境互动并保存相关数据，此外还有数据可视化部分。其中智能体的神经网络选择的是全连接神经网络，由输入层、两个隐藏层和输出层构成，每个隐藏层包含 64 个神经元，激活函数使用的是 Relu 函数，更新参数时使用的是 Adam

优化器。根据前人的经验知识以及通过控制变量法的多次试验对比，确定了试验中的其他参数设置，具体数值见表6-5-1。为了避免智能体决策陷入次优策略，这里采用了指数衰减 ε 贪婪算法，即 ε 最初设置为1，并且每个时隙以0.995的速率降低，直到其值达到0.005。试验中将吞吐量视为性能指标，在这里系统吞吐量定义为每个时隙内成功发送的数据包数目，时刻 t 的吞吐量定义为过去 N 个时隙内的平均值，公式为 $\sum_{\tau=t-N+1}^{t} r_{\tau}/N$，其中 r_{τ} 是 τ 时隙内成功发送的数据包数目，与式（6-3-1）定义的奖励函数一致。在我们的方案设计中，D2D需要在没有任何先验信息的情况下自主学习到最优的频谱接入策略以最大化系统总吞吐量。这里的性能参考（benchmark）是假设D2D执行最优接入策略时系统总吞吐量的理论上限值。此外，这里还将设计的D2D频谱接入方案与一种随机接入的方案进行了对比，在随机接入方案中D2D没有学习能力，只能通过基站的协助获取部分蜂窝用户接入信息（比如蜂窝用户占用的时隙数目）。

表6-5-1 仿真参数设置

参数	值
历史状态信息长度 M	20
学习率 α	0.01
奖励衰减因子 γ	0.3
初始探索率 ε	1
最终探索率 ε	0.005
ε 下降速率	0.995
批次大小	128
目标QNN参数更新频率 C	20
当前QNN训练间隔 δ	10

6.5.2 试验结果分析

在试验过程中蜂窝用户的位置是随机分布的，用 q 表示蜂窝用户落在“复用区域”的概率，则 $q=\frac{\pi\times d_{\text{th}}^{2}}{\pi\times R^{2}}$，$p$ 表示D2D通信概率即D2D用户处于D2D通信模式的概率。试验中假设每个蜂窝用户占用的时隙数目是一帧中总时隙数目的10%，D2D最理想的策略是接入所有空闲时隙，并根据蜂窝用户位置和D2D通信模式的联合条件恰当地复用蜂窝用户的时隙以最大化系统总吞吐量。这里首先基于6.3小节设计的算法进行试验，此时D2D智能体的目标只是最大化系统总吞吐量。首先考虑 $p=1$ 的情况，此时多个D2D与一个D2D的结果是一样的，图6－5－1首先展示了蜂窝用户数目 $K=4$，$q=0.5$ 和0.8时系统吞吐量随交互步数的变化曲线，从中可以看出，算法可以较好地收敛到近乎最优的吞吐量结果。图6－5－2（a）是 $q=0.5$，K 从1增加到9时系统吞吐量的结果，从中可以看出，随着蜂窝用户数目增加，可复用的时隙比例增加，总吞吐量会有所增加，在不同蜂窝用户数目情况下算法都能取得近乎最优的结果，而且优于D2D随机接入的方案。图6－5－2（b）是 $K=4$，q 从0增加到0.8时系统吞吐量的结果，从中可以看出，随着“复用区域”的增大，蜂窝用户落在“复用区域”的概率增加，总吞吐量会有所增加，这也是非常符合实际的，并且在不同的情况下算法仍能取得近乎最优的结果。

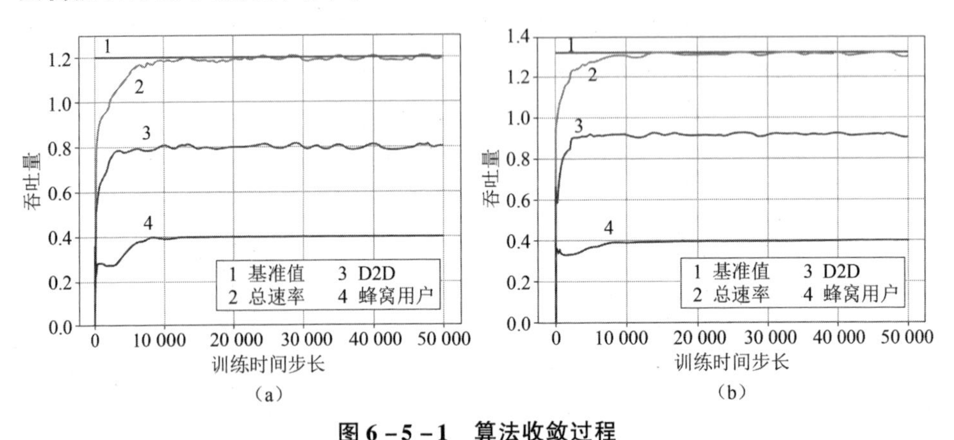

图6－5－1　算法收敛过程

（a）$K=4$，$q=0.5$；（b）$K=4$，$q=0.8$

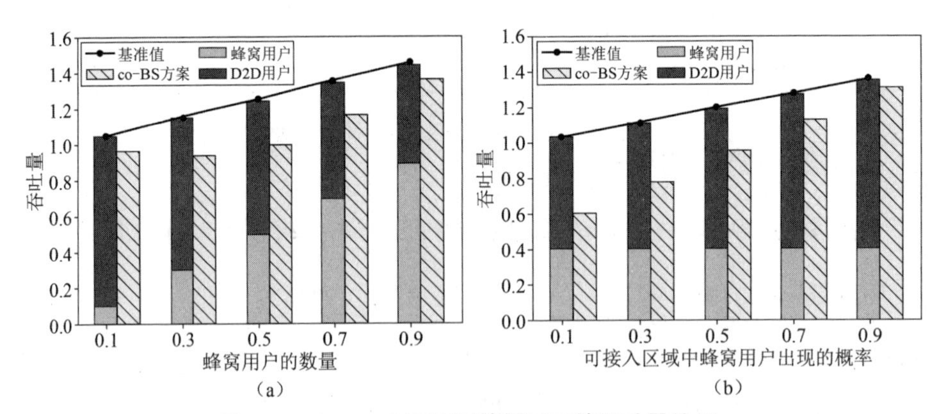

图6－5－2　$p=1$ 时不同情景下系统吞吐量结果，其中co－BS scheme是前面提到的随机接入方案

接下来考虑 $p \in (0,1)$ 的情况，此时 p 值不同的 D2D 对于可复用的时隙的接入机会是不同的，这里蜂窝用户数目 $K=6$，$q=0.5$。图 6-5-3（a）是只有 1 个 D2D，p 从 0.1 增加到 0.9 时系统吞吐量结果图，随着 p 的增加，D2D 复用蜂窝用户时隙资源的机会增加，总吞吐量会有所上升，并且算法在不同情况下都能达到近乎最优的试验结果。图 6-5-3（b）是增加了 1 个 D2D 的情况，其中 2 个 D2D 的 p 是不同的，这里固定 $p_1=0.8$，使 p_2 从 0.2 增加到 0.8，可以看到系统总吞吐量只是略有上升，并且算法仍能实现近乎最优的总吞吐量结果。以上试验结果都表明智能体能够在没有任何先验信息的情况下自主学习到最优的频谱接入策略以最大化系统总吞吐量，该频谱接入方案的性能表现是很不错的。

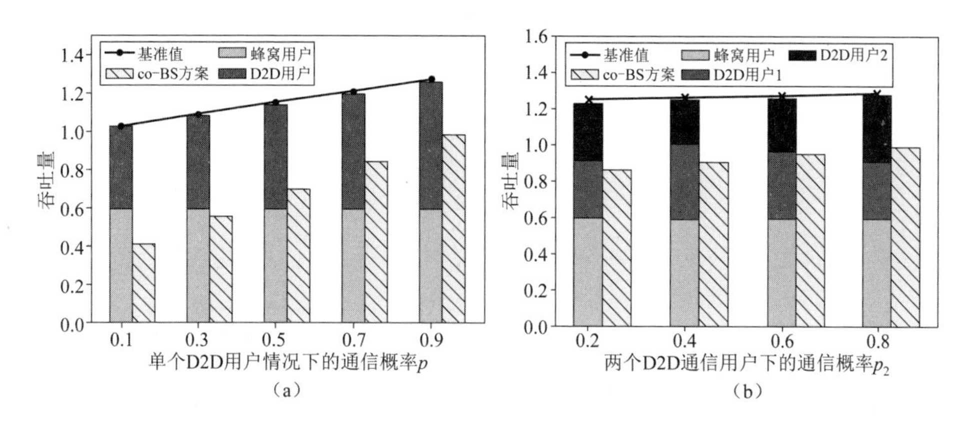

图 6-5-3　$p \in (0,1)$ 时不同情景下系统吞吐量结果

6.6　本章小结

本章首先介绍了一种 D2D 和蜂窝用户共存的应用场景，其中允许 D2D 复用蜂窝用户的时频资源，但同时也会造成额外的干扰，给基站的协调管理带来负担。为了减轻基站负担，在先验信息有限的情况下，本章提出了一种基于 DRL 的 D2D 频谱接入方案。具体来说，该方案基于 DDQN 算法，将 D2D 用户终端当作智能体，使其在先验信息不足的情况下，以最大化系统总吞吐量为目标，通过与环境互动自主学习到最优的频谱接入策略，在尽量保证蜂窝用户通信质量的前提下提高频谱利用率。此外，这里还对算法进行了改进，将目标函数与 Q 函数分离，基于 Q-learning 的算法框架的一般化提供了一种方法，使目标函数得以拓展，能够同时实现 D2D 用户之间频谱接入的公平性。本章最后通过仿真试验对所提算法的性能进行了评估，仿真结果表明，算法能够使智能体学习到最优频谱接入策略，达到吞吐量的理论上限值，并实现了 D2D 用户之间频谱接入的公平性。

第 7 章

蜂窝与 D2D 通信混合网络中的频谱复用机制设计

7.1 研究背景和研究内容

在蜂窝与 D2D 混合网络中，由于 D2D 需要重用蜂窝用户系统资源，因此为了不对蜂窝用户造成严重干扰，就需要对所复用的蜂窝频段进行相应的检测，从而进行合理的频谱重用。

D2D 的频谱重用方式是很重要的，在文献［125］中，作者分析了混合网络中授权用户能够承受的平均接收干扰功率，从而表明了不同数量次级系统用户在频谱重用时对主系统性能的影响；而在文献［126］中，作者提出了一种方案，通过对激活的授权用户频谱进行感知，低功率移动用户能够重用邻近用户的频谱，并利用其外部无线频谱资源优化次级系统的功率与密度。而从文献［127］的结果可以看出，混合网络性能的增强来自频谱利用率的提高，这些都与次级系统如何有效地重用现有授权系统频谱有很大关联。

在先前的研究中，对于系统中进行频谱重用的移动终端而言，其进行频谱接入的区域是按照整体来考虑的，然而，在蜂窝与 D2D 混合网络中，由于不同地理位置上的 D2D 用户对蜂窝通信的干扰存在差异，因此分析一个蜂窝小区中不同区域对进行频谱重用的 D2D 数目的影响是很有意义的，在这部分研究中，针对小区中的单个蜂窝用户频谱，本章提出了一个基于区域划分的 D2D 频谱重用机制，并从里到外将小区划分成一系列区域，这些区域可以允许不同数量的 D2D 用户进行蜂窝频谱重用，进而本章设置了蜂窝用户中断概率阈值并利用随机几何数学工具分析了该问题。接着利用 Lambert *W* 函数进行计算求解，并最终得到了每个区域的尺寸。从仿真结果可以看出，小区区域划分是由 D2D 用户密度、发送功率和被重用频谱的蜂窝用户到基站的距离共同决定的；同时，结果表明所提出的频谱重用策略不仅能够使 D2D 用户可以根据地理位置直接判断是否可以进行频谱重用，也能够允许远离基站的多个 D2D 用户同时重用同一个蜂窝用户频谱。

在本章中，接下来的小节首先描述了混合网络系统模型，分析了所提出的 D2D 频谱重用方案的具体细节，而这样一种重用方式是基于相同的蜂窝与 D2D 终端发送功率的情况，接着进一步分析了当蜂窝与 D2D 采用不同发送功率进行传输对于小区区域划分的影响，接着给出了相关的仿真结果和讨论，在最后则给出了总结。

7.2　基于区域划分的混合网络 D2D 频谱重用场景描述与网络模型

7.2.1　基于区域划分的混合网络 D2D 频谱重用场景描述

考虑如图 7－2－1 所示的基本场景，整个混合网络由蜂窝和 D2D 用户构成，由于蜂窝系统中每个蜂窝用户的资源是相互正交的，因此可以只分析系统中一个蜂窝用户频谱被 D2D 用户重用时的影响，而对于其他不同的蜂窝用户，分析方法相同，系统中小区基站处于小区的中心位置，并且小区半径为 R，当 D2D 用户对重用蜂窝用户上行频谱时，基站端将会受到干扰。同时在混合网络中，考虑路损模型的影响，D2D 用户离基站越远，D2D 通信对蜂窝通信造成的干扰越小。当 D2D 用户出现在小区中的不同区域时，基站能够承受不同数量的 D2D 重用蜂窝上行频谱。因此根据 D2D 用户到基站的距离，本节给出以下小区区域划分标准。

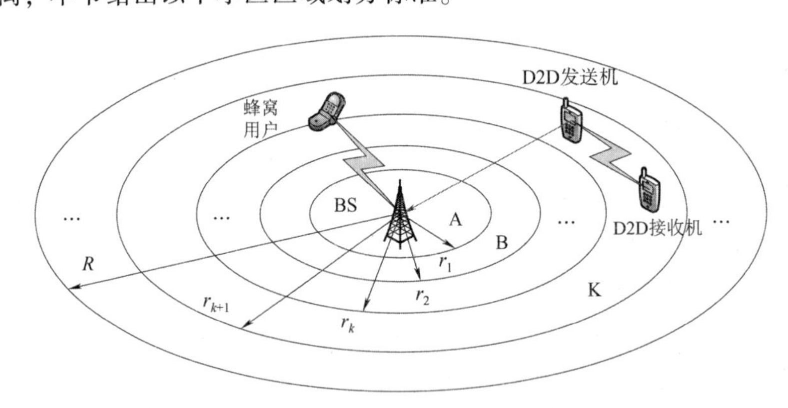

图 7－2－1　基于小区区域划分的网络模型

（1）首先将小区划分为两部分，第一部分是以基站为圆心，r_1 为半径的圆，称其为区域 A，规定任何落在区域 A 中的 D2D 用户不能够重用蜂窝用户的频谱。

（2）第二部分是区域 A 以外的整个区域，并且基站是蜂窝上行通信的接收端，根据路径损耗传播模型，可以看出远离基站的 D2D 重用蜂窝用户频谱时造成的干扰比较小，所以在离基站越远的区域中，可进行频谱重用的 D2D 就越多。因此继续将外部区域划分成一系列圆环形区域，并且每个区域的内半径为 r_k，外半径为 $r_{k+1}, k=1,2,3,\cdots$。图 7－1 显示了区域划分的细节，为了方便起见，将划分出的第一个环形区域称为区域 B，其内半径为 r_1，外半径为 r_2，并且第 k 个环形区域称为区域 K，其内半径为 r_k，外半径为 r_{k+1}，那么接下来给出如下准则：

①如果在区域 B 中 D2D 用户能够进行蜂窝频谱重用，那么仅允许一对 D2D 用户重用蜂窝用户频谱；

②在区域 K 中，仅允许 k 对 D2D 用户重用蜂窝用户频谱；

③因为若 D2D 所处区域离蜂窝基站越远，则基站能够承受越多数目的 D2D 造成的干扰，所以本节规定从区域 B 向外，每次移动到一个新的区域中，允许频谱重用的 D2D 数目将会比前一个区域中多一对 D2D 用户。

7.2.2　基于区域划分的混合网络 D2D 频谱重用模型

在蜂窝与 D2D 混合网络中，基站能够控制 D2D 用户的功率与频谱重用，那么为了分析小区中基于区域划分的频谱重用方案，这里给出以下假设：

假设 1　蜂窝小区中 D2D 用户对分布满足二维平面上的齐次泊松点过程（HPPP），定义 D2D 用户密度为 λ，而蜂窝用户的分布满足均匀分布。

假设 2　D2D 用户发送端功率为 P_{d2d}，接着定义蜂窝用户功率为 P_{UE}，在统一功率分布的条件下，这里令 $P_{\mathrm{d2d}}=P_{\mathrm{UE}}=\rho$。

考虑路损模型进行分析，其展开式定义为 $P_{\mathrm{r}}=P_{\mathrm{t}}d^{-\alpha}$，其中 P_{t} 表示发送功率，P_{r} 表示接收功率，α 是路损系数，d 是发送机和接收机之间的距离。

7.3　基于区域划分的 D2D 频谱重用方案

7.3.1　蜂窝小区中区域 A 范围分析

首先分析区域 A，即区域划分中最中心部分，在这个区域中，D2D 不允许重用蜂窝用户频谱，因此一旦有一对 D2D 用户出现在该区域中并且尝试进行频谱重用，那么蜂窝通信的 SINR 将为

$$\frac{\rho d_1^{-\alpha}}{\rho d_2^{-\alpha}+N_0} \leqslant \beta \tag{7-3-1}$$

式中，d_1表示基站和蜂窝用户之间的距离；d_2表示 D2D 发送端和基站之间的距离；N_0是热噪声；β是蜂窝用户 SINR 中断概率阈值。不等式表示当区域 A 中 D2D 用户进行频谱重用时，蜂窝用户将会发生掉话现象，因此从上述不等式中，可以知道 D2D 和基站之间的距离应该满足

$$d_2 \leqslant \left(\frac{d_1^{-\alpha}}{\beta}-\frac{N_0}{\rho}\right)^{\frac{-1}{\alpha}} \tag{7-3-2}$$

接着令 $r_1=\left(\frac{d_1^{-\alpha}}{\beta}-\frac{N_0}{\rho}\right)^{\frac{-1}{\alpha}}$，因此这里得到了区域 A 的半径，也即如果 D2D 对到基站的距离小于 r_1，那么 D2D 对将不能够重用蜂窝用户的频谱。

7.3.2 蜂窝与 D2D 混合网络小区中区域 B 分析

接下来考虑区域 B 中的情况，在这个区域中，仅能够允许一对 D2D 重用蜂窝用户的频谱，并且由前文假设可知，D2D 用户的分布满足 HPPP 模型，因此可以认为当 D2D 用户重用蜂窝用户频谱时，蜂窝用户的中断概率小于一个非常小的值 ε，那么可以得到

$$\Pr\left(\frac{\rho d_1^{-\alpha}}{\rho d_2^{-\alpha}+N_0} \leqslant \beta\right) \leqslant \varepsilon \tag{7-3-3}$$

这里 Pr(·) 表示蜂窝用户中断概率，而 ε 表示概率阈值，$0<\varepsilon<1$ 并且 ε 非常小，d_2 为 D2D 到基站之间的距离并且满足 $r_1<d_2$，这是因为 D2D 处于区域 B 中，而从式（7－3－3）中可以得到

$$\Pr\left[d_2 \leqslant \left(\frac{d_1^{-\alpha}}{\beta}-\frac{N_0}{\rho}\right)^{\frac{-1}{\alpha}}\right] \leqslant \varepsilon \tag{7-3-4}$$

定义 $\xi_1=\left(\frac{d_1^{-\alpha}}{\beta}-\frac{N_0}{\rho}\right)^{\frac{-1}{\alpha}}$，能够得到 $\Pr(d_2 \leqslant \xi_1)$，因此蜂窝用户的中断概率转变为 D2D 距离 d_2 小于 ξ_1 的概率。

另一方面，小区中的 D2D 满足的 HPPP 分布具有的密度为 λ，因此对于一个单一的 D2D 对，其距离 d_2 小于某一个值的概率可以被转换为区域 B 中 HPPP 的点的数量等于 1 的概率，因此从以上的准则中，可知如果一个 D2D 用户对出现在区域 B 中并且不造成蜂窝通信中断的话，那么有下式成立：

$$\Pr[\phi(B)=1]=[\mathrm{e}^{-\lambda\pi(r_2^2-r_1^2)}\lambda\pi(r_2^2-r_1^2)] \leqslant \varepsilon \tag{7-3-5}$$

而 $\phi(B)$ 是 HPPP 在区域 B 中的点的个数，为了求得边界 r_2 的值，将上

述不等式取等号，因此首先有 $x_1=\lambda\pi(d_2^2-r_1^2)$，接着等式变为 $x_1\mathrm{e}^{-x_1}=\varepsilon$，而这是一个超越方程等式，其解满足

$$x_1=-W(-\varepsilon)\left(0<\varepsilon<\frac{1}{e}\right) \tag{7-3-6}$$

这里 $0<\varepsilon<\frac{1}{e}$，并且 ε 很小，而 $W(\cdot)$ 为 Lambert W 函数，从其数学特性上可知在式（7-3-6）中，当 $\varepsilon\in\left(0,\ \frac{1}{e}\right)$时，其值域为（0，1），因此代回 $x_1=\lambda\pi(r_2^2-r_1^2)$，能够得到

$$r_2=\sqrt{r_1^2-\frac{W(-\varepsilon)}{\lambda\pi}} \tag{7-3-7}$$

因此根据上式得到了区域 B 的外部半径值。注意到从式（7-3-4）中可知，如果 $\xi_1\leqslant r_2$，那么对于当前的密度值 λ 而言，外半径 r_2 总能够满足使蜂窝用户中断概率小于阈值 ε 这个条件，但是如果 $r_2<\xi_1$，可知不论 r_2 为何值，外半径都不能够满足概率要求，同时考虑到密度 λ 和阈值 ε 为常数，因此这里令 $r_2=\xi_1$ 并且代入 r_2 的表达式中，可以得到更新后的 r_1 满足

$$r_1=\sqrt{\xi_1^2+\frac{W(-\varepsilon)}{\lambda\pi}} \tag{7-3-8}$$

也就是说当 $r_2<\xi_1$ 时，将会扩大 r_1 直到其满足式（7-3-8），因此可以得出区域 B 的范围大小，即内半径为 r_1，外半径为 r_2。

7.3.3　蜂窝与 D2D 混合网络小区中区域 K 分析

最后考虑区域 K 的情况，从之前的划分法则来看，可知蜂窝基站能够允许区域 K 中的 k 对 D2D 用户同时重用蜂窝用户频谱，并且区域 K 是内半径为 r_k，外半径为 r_{k+1}的圆环形区域，因为蜂窝用户中断概率应小于 ε，那么下面的不等式成立：

$$\Pr\left(\frac{\rho d_1^{-\alpha}}{\sum_{i=1}^{k}\rho\,|X_i|^{-\alpha}+N_0}\leqslant\beta\right)\leqslant\varepsilon \tag{7-3-9}$$

式中，$|X_i|$为第 i 个 D2D 到蜂窝基站的距离；$\Pr(\cdot)$ 为蜂窝用户中断概率。而当 D2D 重用蜂窝用户频谱时，小区基站将会受到来自 D2D 通信的干扰，同时在系统中考虑路损模型，那么 D2D 和蜂窝基站的距离将会决定干扰的大小。如果 D2D 与基站距离较近，那么干扰会比较严重，而当 D2D 远离基站时，干扰会比较小，因此这里考虑一种极限情况用以求得区域 K 的边界值，也即，当 $k-1$ 对 D2D 用户处于区域 K 的内半径时，那么最后第 k 个用

户离开基站最远的距离决定了外半径的大小，因此不等式（7－3－9）转变为

$$\Pr\left[\frac{\rho d_1^{-\alpha}}{(k-1)\rho r_k^{-\alpha}+\rho|X_k|^{-\alpha}+N_0}\leqslant\beta\right]\leqslant\varepsilon \tag{7-3-10}$$

因此可以得到

$$\Pr\left\{|X_k|\leqslant\left[\left(\frac{d_1^{-\alpha}}{\beta}-\frac{N_0}{\rho}\right)-(k-1)r_k^{-\alpha}\right]^{\frac{-1}{\alpha}}\right\}\leqslant\varepsilon \tag{7-3-11}$$

令 $\xi_k=\left[\left(\frac{d_1^{-\alpha}}{\beta}-\frac{N_0}{\rho}\right)-(k-1)r_k^{-\alpha}\right]^{\frac{-1}{\alpha}}$，那么能够得到 $\Pr(|X_k|\leqslant\xi_k)\leqslant\varepsilon$，并且蜂窝用户中断概率小于 ε 的问题可以转化为 $|X_k|$ 小于 ξ_k 的概率小于 ε。类似地，k 个 D2D 用户中任意一个到蜂窝基站的距离不能够超过某个值这一事件能够被认为是 HPPP 在某个区域中出现的点的概率等于 k，因此对于能够允许 k 个 D2D 用户进行频谱重用的区域 K 而言，可以得到

$$\Pr[\phi(C)=k]=\left\{\mathrm{e}^{-\lambda\pi(r_{k+1}^2-r_k^2)}\frac{[\lambda\pi(r_{k+1}^2-r_k^2)]^k}{k!}\right\}\leqslant\varepsilon \tag{7-3-12}$$

这里 $\phi(C)$ 表示 HPPP 在区域 K 中点的个数，接着令不等式取等号，并且令 $x_k=\lambda\pi(r_{k+1}^2-r_k^2)$，那么有超越等式$\frac{\mathrm{e}^{-x_k}x_k^k}{k!}=\varepsilon$，也即 $\mathrm{e}^{-x_k}x_k^k=(k!)\varepsilon$，对等号两边开 k 次方并且同时乘以$\frac{-1}{k}$，那么$\frac{-x_k}{k}\mathrm{e}^{\frac{-x_k}{k}}=\frac{-[(k!)\varepsilon]^{\frac{1}{k}}}{k}$，接着有 $x_k=-kW\left\{\frac{-[(k!)\varepsilon]^{\frac{1}{k}}}{k}\right\}$。类似地，$\varepsilon$ 是一个很小的值用以保证 Lambert W 函数是一个实值单调函数，接着代回 $x_k=\lambda\pi(r_{k+1}^2-r_k^2)$，因此这里得到区域 K 的外半径为

$$r_{k+1}=\sqrt{r_k^2-\frac{k}{\lambda\pi}W\left\{\frac{-[(k!)\varepsilon]^{\frac{1}{k}}}{k}\right\}} \tag{7-3-13}$$

注意到如果 $r_{k+1}<R$，小区区域划分将会继续，而如果 $r_{k+1}\geqslant R$，设置区域 K 的外半径为 R，并且区域 K 就是最外层区域。此外，如果 $\xi_k\leqslant r_{k+1}$，区域 K 的外半径 r_{k+1} 能够满足不等式（7－3－11），但是如果 $r_{k+1}<\xi_k$，不论 r_{k+1} 取何值，式（7－3－11）都无法满足，因此可以得到如下定理：

定理 1　对于给定的密度值 λ，当在区域 K 中 $r_{k+1}<\xi_k$，那么此区域内半径 r_k 将会变为

$$r_k=\left(\frac{k}{\lambda\pi}W\left\{\frac{-[(k!)\varepsilon]^{\frac{1}{k}}}{k}\right\}+\left(\frac{d_1^{-\alpha}}{\beta}-\frac{N_0}{\rho}\right)^{\frac{-2}{\alpha}}\right)^{\frac{1}{2}} \tag{7-3-14}$$

证明　对于等式（7－3－13），这里令 $r_{k+1}=\xi_k$，那么有

$$\left(r_k^2-\frac{k}{\lambda\pi}W\left\{\frac{-[(k!)\varepsilon]^{\frac{1}{k}}}{k}\right\}\right)^{\frac{1}{2}}=\left[\left(\frac{d_1^{-\alpha}}{\beta}-\frac{N_0}{\rho}\right)-(k-1)r_k^{-\alpha}\right]^{\frac{-1}{\alpha}}$$

（7－3－15）

为了方便起见，这里定义 $\eta_k=\frac{k}{\lambda\pi}W\left\{\frac{-[(k!)\varepsilon]^{\frac{1}{k}}}{k}\right\}$，$\xi=\frac{d_1^{-\alpha}}{\beta}-\frac{N_0}{\rho}$，$\omega=k-1$，等式变成 $(r_k^2-\eta_k)^{\frac{1}{2}}=(\xi-\omega r_k^{-\alpha})^{\frac{-1}{\alpha}}$，那么在等式两边同时取 2α 的幂并且移位，那么有

$$(r_k^2-\eta_k)^{\alpha}(\xi^2-2\omega\xi r_k^{-\alpha}+\omega^2 r_k^{-2\alpha})=1 \tag{7－3－16}$$

一般而言，上式中 $\alpha\geqslant 2$，因此保留占主要因素的项，那么这里有 $\xi^2(r_k^2-\eta_k)^{\alpha}=1$，因此 $r_k=(\eta_k+\xi^{\frac{-2}{\alpha}})^{\frac{1}{2}}$，代回 η_k 和 ξ，有式（7－3－14）成立。

7.3.4　蜂窝与 D2D 用户功率互相独立情况下的 D2D 频谱重用分析

基于之前的研究，接下来将拓展分析的深度，考虑蜂窝用户和 D2D 用户发送功率分别为 P_{UE} 和 P_{d2d} 时对于区域划分的影响，首先类似之前的分析，在最内层区域，当 D2D 用户尝试重用蜂窝频段时，可以得到

$$\frac{P_{\mathrm{UE}}d_1^{-\alpha}}{P_{\mathrm{d2d}}d_2^{-\alpha}+N_0}\leqslant\beta \tag{7－3－17}$$

那么可以得到

$$d_2\leqslant\left(\frac{P_{\mathrm{UE}}d_1^{-\alpha}}{P_{\mathrm{d2d}}\beta}-\frac{N_0}{P_{\mathrm{d2d}}}\right)^{\frac{-1}{\alpha}} \tag{7－3－18}$$

令 $r_1=\left(\frac{P_{\mathrm{UE}}d_1^{-\alpha}}{P_{\mathrm{d2d}}\beta}-\frac{N_0}{P_{\mathrm{d2d}}}\right)^{\frac{-1}{\alpha}}$，那么首先就得到了最内层区域半径；其次，对于外面第一层环形区域，蜂窝用户的中断概率满足

$$\Pr\left(\frac{P_{\mathrm{UE}}d_1^{-\alpha}}{P_{\mathrm{d2d}}d_2^{-\alpha}+N_0}\leqslant\beta\right)\leqslant\varepsilon \tag{7－3－19}$$

因此利用之前相似的分析手段，能够得到第一层环形区域的外半径为

$$r_2=\sqrt{r_1^2-\frac{W(-\varepsilon)}{\lambda\pi}} \tag{7－3－20}$$

而当 $r_2\geqslant\left(\frac{P_{\mathrm{UE}}d_1^{-\alpha}}{P_{\mathrm{d2d}}\beta}-\frac{N_0}{P_{\mathrm{d2d}}}\right)^{\frac{-1}{\alpha}}$ 时，外半径总能够使蜂窝用户的中断概率小于阈值 ε，但是当 $r_2<\left(\frac{P_{\mathrm{UE}}d_1^{-\alpha}}{P_{\mathrm{d2d}}\beta}-\frac{N_0}{P_{\mathrm{d2d}}}\right)^{\frac{-1}{\alpha}}$ 时，对于当前的密度 λ 而言，不论其

取什么值，都无法满足蜂窝中断概率的概率要求，因此需要将 r_1 更新，采用和先前分析相类似的方法，可以得到

$$r_1=\sqrt{\left(\frac{P_{\mathrm{UE}}d_1^{-\alpha}}{P_{\mathrm{d2d}}\beta}-\frac{N_0}{P_{\mathrm{d2d}}}\right)^{\frac{-2}{\alpha}}+\frac{W(-\varepsilon)}{\lambda\pi}} \qquad (7-3-21)$$

同理，对于区域 K，首先有区域外半径满足

$$r_{k+1}=\sqrt{r_k^2-\frac{k}{\lambda\pi}W\left\{\frac{-[(k!)\varepsilon]^{\frac{1}{k}}}{k}\right\}} \qquad (7-3-22)$$

而当 $r_{k+1}<\left[\frac{P_{\mathrm{UE}}d_1^{-\alpha}}{P_{\mathrm{d2d}}\beta}-\frac{N_0}{P_{\mathrm{UE}}}-(k-1)r_k^{-\alpha}\right]^{\frac{-1}{\alpha}}$ 时，为了保证 D2D 在进行频谱重用时能够保证蜂窝通信不发生通信中断现象，因此内半径 r_k 更新，由下式给出：

$$r_k=\left(\frac{k}{\lambda\pi}W\left\{\frac{-[(k!)\varepsilon]^{\frac{1}{k}}}{k}\right\}+\left(\frac{P_{\mathrm{UE}}d_1^{-\alpha}}{P_{\mathrm{d2d}}\beta}-\frac{N_0}{P_{\mathrm{d2d}}}\right)^{\frac{-2}{\alpha}}\right)^{\frac{1}{2}} \qquad (7-3-23)$$

至此得到了第 k 层区域 K 的内外半径的大小。

7.4　仿真结果与讨论

在本节中，将分别给出在蜂窝与 D2D 发送功率相同的情况下以及二者不同情况下的基于区域划分的 D2D 频谱重用仿真结果，整个仿真系统处在半径为 500 m 的小区中，蜂窝基站位于小区中心，并且蜂窝用户均匀分布在小区中，系统的基本仿真参数如表 7－4－1 所示。

表 7－4－1　基于区域划分的蜂窝与 D2D 混合网络仿真参数

参数	默认值
小区半径	500 m
带宽	20 MHz
D2D 用户之间距离	10 m
蜂窝用户发送功率	24 dBm（可重配置）
D2D 用户发送功率	24 dBm（可重配置）
路损系数 α	4
蜂窝用户 SINR 阈值 β	0 dB
蜂窝通信中断概率阈值 ε	0.01
热噪声	－104 dBm

7.4.1 蜂窝与D2D用户发送功率相同情况下基于区域划分的D2D频谱重用仿真结果

图7-4-1显示出D2D用户密度和系统容量之间的关系，这里同时也对比了没有D2D通信的小区情况，从仿真结果能够看出当D2D用户密度较低时，系统容量随着D2D容量的增加而增加，当D2D用户密度增加时，越来越多的D2D对重用当前蜂窝频谱，因此容量呈上升趋势，但是当D2D用户密度继续增加，D2D用户之间造成的干扰将不能够被忽略，因此整个系统容量开始下降，当D2D用户密度为$3\times10^{-4}m^{-2}$时系统容量达到峰值，并且下方的两条曲线显示了没有D2D的情况，可以看出，使用D2D频谱重用方案带来了比较大的系统容量增益。

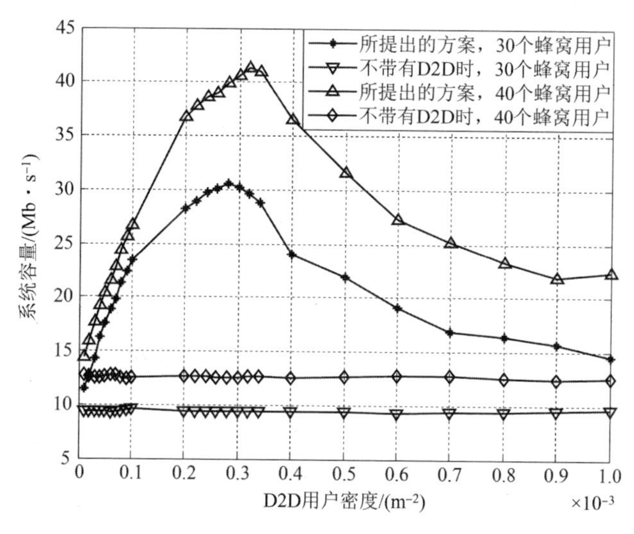

图7-4-1 系统容量同D2D用户密度之间的关系

图7-4-2显示了在蜂窝与D2D混合网络中，对于单个蜂窝用户而言，基于所提出的区域划分方案得到的区域总数，能够看到区域数量随着D2D用户密度的增加而增加，并且在最外层区域中，能够允许D2D进行频谱重用的数量也在增加，这是因为D2D用户密度增加后，同样的区域内能够容纳更多的D2D用户，那么为了保持对蜂窝用户的干扰水平，划分的每个区域只能变得越来越窄。此外，从图7-4-2中可知蜂窝用户到基站的距离也决定了区域的总数目，并且分别给出了蜂窝用户距离基站100 m、200 m和400 m时的情况，因此当蜂窝用户距离基站越远，整个区域的数量越少，这是因为当蜂窝用户远离基站时，蜂窝通信的抗干扰能力也在下降，因此也就只能允许更少的D2D用户重用到当前的蜂窝频谱当中。

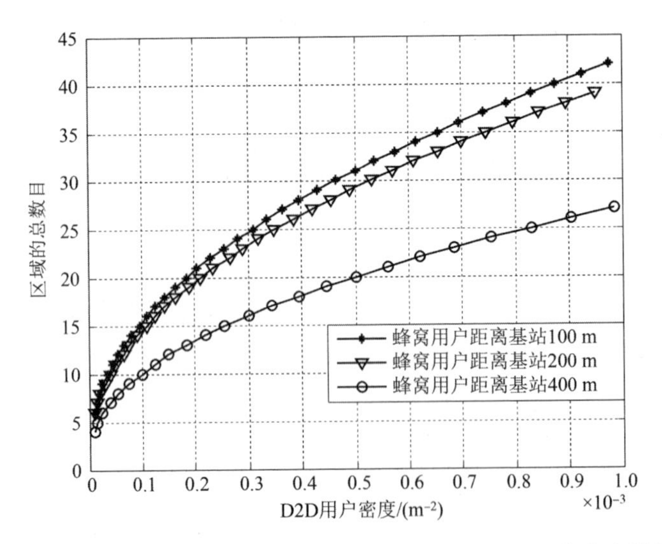

图 7-4-2　允许 D2D 频谱重用区域的总数目同 D2D 用户密度的关系

7.4.2　蜂窝与 D2D 用户发送功率不同情况下基于区域划分的 D2D 频谱重用仿真结果

在这部分的结果分析中，采用变化的蜂窝功率和 D2D 功率进行仿真，同时在所提出的区域划分的方案中，也给出了两种 D2D 频谱重用方式，第一种是按照区域划分准则 D2D 以随机的方式进行频谱重用（random spectrum reuse，RSR），在这种方式中 D2D 随机选择蜂窝用户的频谱进行重用，而第二种则是按照区域划分准则 D2D 用户以顺序方式进行频谱重用（order spectrum reuse，OSR），也即 D2D 用户顺序选择蜂窝用户频谱，根据小区区域中的地理位置，D2D 用户从内向外依次对系统中蜂窝频段进行频谱重用，选择蜂窝用户的方式也是按照离基站远近来进行，图 7-4-3 显示了在蜂窝用户数目为 30、40 和 60 的时候，D2D 用户密度和系统容量之间的关系。首先，顺序频谱重用方案比随机频谱重用方案要好，这是因为受制于所提出的频谱重用机制影响，采用顺序频谱重用方案能够最大限度利用每个区域容纳的 D2D 用户数目进行频谱重用。其次，系统容量随着蜂窝用户的增加而增加，这是因为系统中 D2D 能够频谱重用更多蜂窝用户的频段。再次，当 D2D 用户密度较低时，系统容量随着 D2D 用户密度上升而上升，这是因为更多的 D2D 用户能够进行频谱重用，从而使得系统容量上升，但是当 D2D 用户密度持续上升使得 D2D 系统中互相之间的干扰无法忽略时，容量开始下降。最后，针对所提出的频谱重用方案，当混合网络中 D2D 用户密度超过一定程度时，可以考虑对 D2D 用户进行一定的接入控制，防止过多的

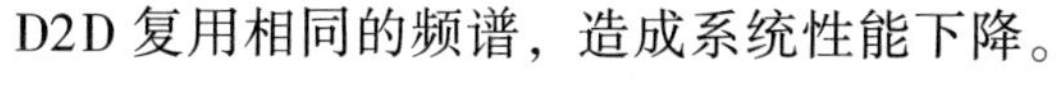
D2D 复用相同的频谱，造成系统性能下降。

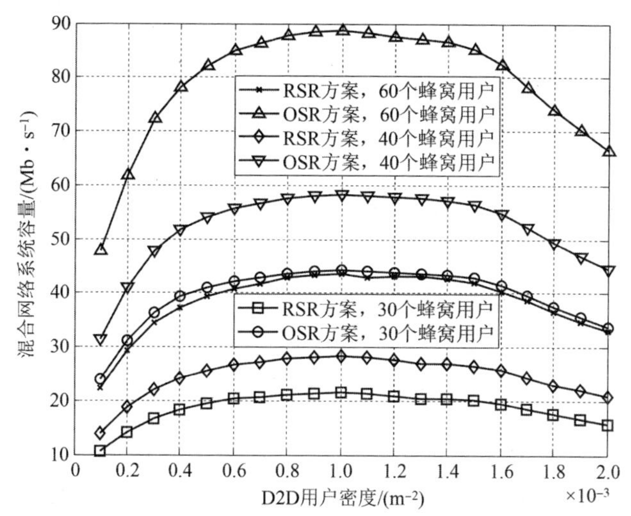

图 7-4-3　系统容量同 D2D 用户密度之间的关系

图 7-4-4 给出了基于区域划分的两种频谱重用方式下系统容量同 D2D 发送功率之间的关系，同时还考虑了不同的 D2D 用户密度和蜂窝用户数目的影响。在图 7-4-4 中，很容易发现当 D2D 发送功率很低时，系统容量能够保持一个很高的值，但是当 D2D 发送功率持续升高，系统容量开始下降，特别是当 D2D 发送功率超过了蜂窝用户发送功率时，这种下降趋势变得比较明显，这是因为 D2D 发送功率的提升使 D2D 系统内部的干扰越来越大，当干扰无法忽略时，系统容量就开始下降，即使在 D2D 用户密度不是很高的情况下，这种变化趋势仍然存在。给出了 30 和 40 个蜂窝用户存在于小区中的情况，以及不同 D2D 用户密度情况下的系统容量变化情况，从标识为上下三角形的曲线中，能够看出高的 D2D 用户密度导致 D2D 系统内存在更加严重的干扰，因此当 D2D 发送功率提升以后，系统容量下降的趋势最为明显，但是当 D2D 用户密度和发送功率不是很高时，蜂窝用户数目和 D2D 用户密度的增加能够扩大系统容量。

图 7-4-5 则阐明了系统容量、D2D 用户密度和 D2D 发送功率三者之间的关系，同时也说明当 D2D 用户密度和功率不是很高时，系统容量可以达到一个比较高的值。此外，当 D2D 发送功率很高时，较之于 D2D 用户密度较低的情况，处于较大 D2D 用户密度下的系统容量下降比较快，这是由于高的 D2D 发送功率会导致系统中产生更多的有害干扰。

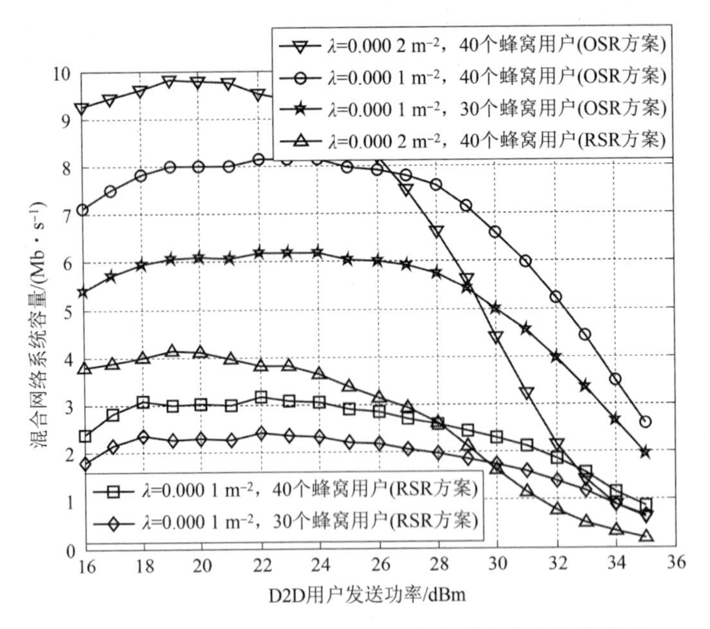

图7-4-4　系统容量同D2D用户发送功率之间的关系

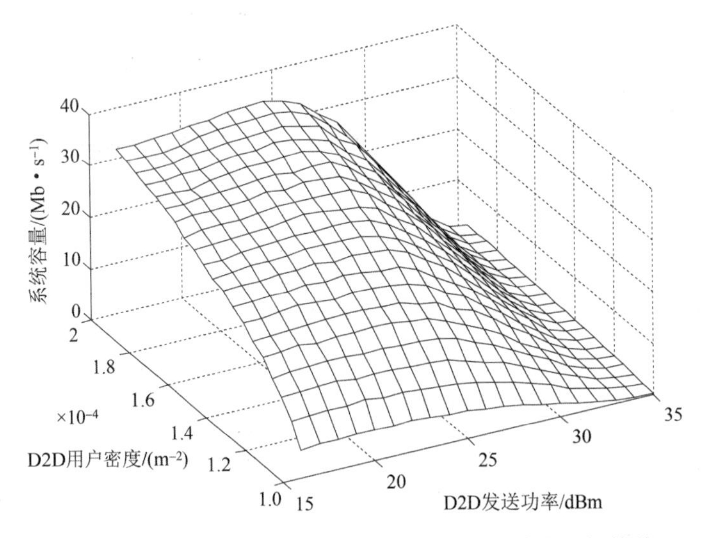

图7-4-5　系统容量同D2D用户密度、发送功率之间的关系

图7-4-6给出了区域中允许存在的D2D上界数量同距离基站之间的关系，与之前统一功率的情况类似，这里假定基站位于原点，x轴表示小区中距离基站的程度，而y轴则表示每个区域中允许频谱重用的D2D数目上限。首先如图中所示，除了最内层不能够允许D2D用户进行频谱重用的最

内层区域以外，外面的环形区域随着距离的增大越来越宽，这是由于D2D用户需要重用蜂窝用户上行频谱，D2D距离基站越远，对蜂窝通信的干扰越小。其次，较之靠近基站处的区域，蜂窝用户能够忍受更多来自远端区域的D2D用户的干扰，这可以从图7-4-6(a)和(b)中看出。再次，比较图7-4-6(a)和(c)，能够看到当D2D用户密度增加，环形区域的数目也在增加，但是每一层变窄，这是由于高D2D用户密度使得小区区域划分更加精细所致。然后，比较图7-4-6(a)和(d)，当扩大D2D发送功率时，蜂窝用户的抗干扰能力变弱，因此在D2D发送功率变高时，区域划分的层数变少。最后，注意到在仿真结果中最后一层的宽度往往较小，而这是由于小区半径限制所造成的。

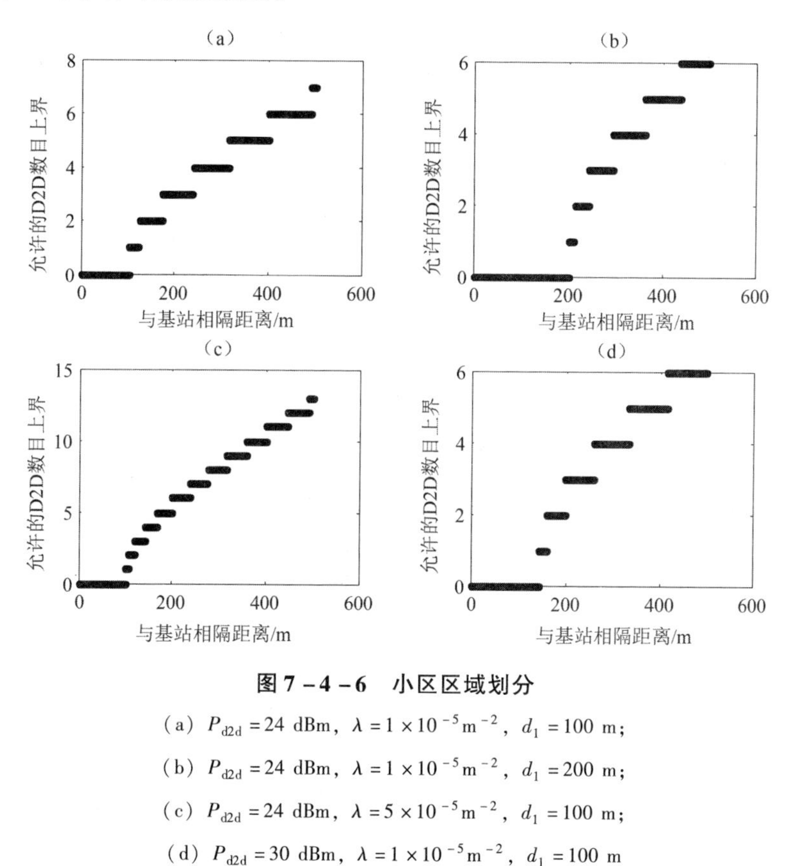

图7-4-6　小区区域划分

(a) $P_{d2d}=24$ dBm，$\lambda=1\times10^{-5}\mathrm{m}^{-2}$，$d_1=100$ m；

(b) $P_{d2d}=24$ dBm，$\lambda=1\times10^{-5}\mathrm{m}^{-2}$，$d_1=200$ m；

(c) $P_{d2d}=24$ dBm，$\lambda=5\times10^{-5}\mathrm{m}^{-2}$，$d_1=100$ m；

(d) $P_{d2d}=30$ dBm，$\lambda=1\times10^{-5}\mathrm{m}^{-2}$，$d_1=100$ m

在蜂窝与D2D混合网络中，对于单个被用来进行D2D频谱重用的蜂窝用户而言，图7-4-7为基于所提出的区域划分方案下总的环形区域数目，而由图7-4-7中所给出的数据可知，默认的蜂窝用户发送功率和D2D用户发送功率都为 24 dBm。从图中可以看到，一方面，当 D2D 用户密度增加时，区域的总数目也随之增加，这是由于同样的区域在高密度下能够包含更多的 D2D 用户，因此每个环形区域变窄导致小区中区域的数量增加；另一方面，根据图 7－4－7，在同样 D2D 发送功率的情况下，当蜂窝用户远离基站时，较之蜂窝用户靠近基站的情况，总的区域数目有所减少，这是由于当蜂窝用户同基站的距离变得比较大时，其抗干扰能力也下降了。此外，如果在蜂窝用户到基站距离为 300 m 的前提下，降低蜂窝用户的发送功率为 20 dBm，那么蜂窝用户的抗干扰能力也会下降，从而也会使得环形区域数目减少。图 7－4－7同时也对比了当蜂窝用户到基站距离为 300 m 时，10 dBm、24 dBm 和 30 dBm 三种 D2D 用户发送功率之间的差异。从下部分的曲线来看，很明显区域总的数量由于高的干扰而减少，这是源于高 D2D 发送功率导致系统产生了高的干扰，而这与前文所述的高 D2D 发送功率产生高干扰从而使系统容量下降的现象是一致的。

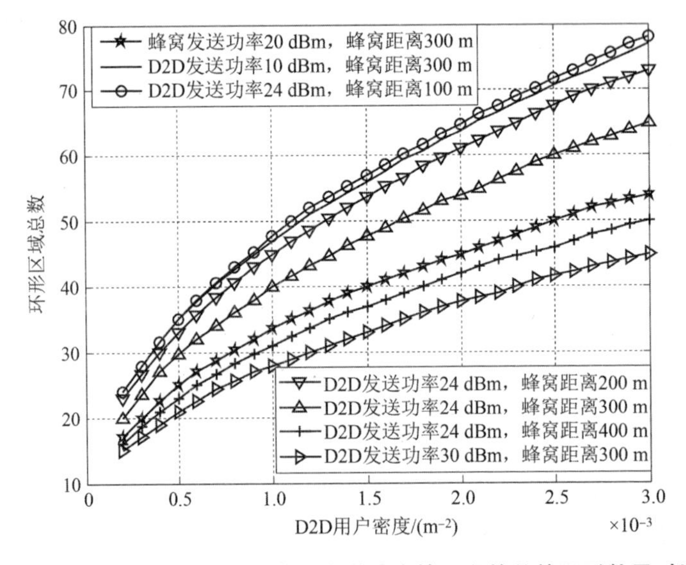

图 7－4－7　在不同蜂窝距离和发送功率情况下的总的环形数目对比

7.5　本章小结

在这部分研究工作中，本章提出了一种在蜂窝与 D2D 混合网络中基于区域划分的 D2D 用户频谱重用机制，小区的区域划分准则的首要前提是不能够对系统中蜂窝用户通信造成严重干扰，利用随机几何数学工具，本章分析了蜂窝用户掉话概率低于给定阈值的情况，并将该问题转换为平面上齐次泊松过程的点数目出现概率数学表达式，接着借助 Lambert W 函数，求解出了小区经过区域划分以后每块区域的边界值闭式解，从而最终得到了混合网络中 D2D 频谱重用的小区区域划分，而这种区域划分分为在相同的蜂窝与 D2D 发送功率和不同的蜂窝与 D2D 发送功率两种情况下的分析，并且针对后者的情况提出了 D2D 顺序频谱重用和随机频谱重用的方案，同时仿真结果显示顺序频谱重用方案也是一种比较好的方法，而最后仿真分析不仅阐述了在这样一种区域划分的 D2D 频谱重用方式下，最终小区划分区域的形式和每部分区域中能够容纳的 D2D 用户数目，同时也说明了小区区域划分对 D2D 用户密度、发送功率和蜂窝用户位置的影响。

第 8 章

基于经典通信理论的 D2D 用户资源分配与功率控制

8.1 引　　言

蜂窝与 D2D 混合网络作为一种共存系统，如何处理好 D2D 通信在这样一种系统中的用户资源分配与功率控制是很重要的，过去的一些文献主要从干扰管理的角度出发，发挥基站的主导作用来避免 D2D 通信对于蜂窝系统造成的干扰，然而，这些工作忽略了 D2D 用户资源分配与功率控制的影响，或者没有从全网角度来考虑系统性能的影响。

本章进一步分析了蜂窝与 D2D 混合网络中 D2D 能够复用系统多个频带并且根据情况调整自身在各个频段上发送功率的场景，同样利用随机几何，首先给出了蜂窝与 D2D 中断概率，得到了带有 D2D 用户密度和 D2D 功率作为自变量的 D2D 系统容量表达式。其次通过凸优化分析，得到了当 D2D 传输功率固定时，每个频带上优化的 D2D 用户密度值，并通过固定各个频带上 D2D 用户密度值，得到了系统中优化的 D2D 发送功率值，而上述凸优化分析分为考虑总密度和总功率约束以及不考虑这两个条件来分别进行说明的。最后，基于前面的分析，本章提出了一种多频带上优化的 D2D 用户资源分配和功率控制迭代算法。而数值仿真结果也阐明了 D2D 系统性能、用户密度与功率边界值不仅受到蜂窝通信的限制，同时也受到整个系统中干扰的影响。此外，本章也给出了用户密度和功率约束下的优化值，并且这些结果也验证了所提出的算法对比基于排序和剔除算法的优越性。

本章将按照如下组织编排，在 8.2 节中，首先给出了多频带蜂窝与 D2D 混合网络中进行 D2D 用户资源分配与功率控制的基本场景；8.3 节推导出了系统中断概率以及包含 D2D 用户密度和功率参数作为自变量的 D2D 系统容量定义式，然后通过相应的推演得到了每个频带上优化的 D2D 用户密度和功率分配值，同时为了使系统性能达到最优；8.4 节提出了一种多频带优化的 D2D 用户资源分配与功率控制迭代算法；仿真结果则在 8.5 节的最末给出；最后在 8.6 节中给出了本章的总结。

8.2　多频带 D2D 用户资源分配场景描述与分析

8.2.1　场景描述

如图 8-2-1 所示，蜂窝与 D2D 混合网络中包含能够采用蜂窝通信模式或者 D2D 通信模式的用户，为了减轻基站的负担，网络能够在用户的两种模式中安排合适的比率，而如果一个用户采用 D2D 模式，那么该用户将会复用蜂窝网络的上行频谱资源。

而整个蜂窝与 D2D 混合网络部署在多个独立的频带上，每个频带定义为 w_i，其中 $i=1,2,\cdots,N$。通过利用正交频分多路复用（OFDM）技术，混合网络在每个频带上的上行频率资源被划分为多个子载波，而工作在该频带上的每个蜂窝用户或者 D2D 用户可以共享这些子载波。

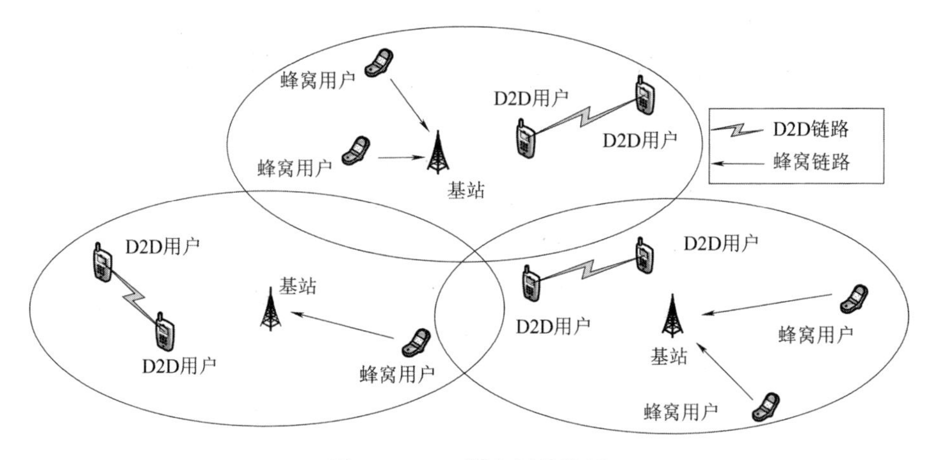

图 8-2-1　混合网络模型

8.2.2　网络模型

基于随机几何理论，本章有如下假设：

假设 1　D2D 系统中传输机形成了二维平面 H 上的泊松点过程（PPP），定义为 Π_0，在频带 i 上密度为 $\lambda_{0,i}(i=1,2,\cdots,N)$。而每个频带上 D2D 传输机传输功率被定义为 $P_{0,i}(i=1,2,\cdots,N)$。

假设 2　在二维平面 H 上，蜂窝系统形成了在每个频带上的静态 PPP 分布，定义为Π_1^i，密度为$\lambda_{1,i}(i=1,2,\cdots,N)$。而每个频带上蜂窝用户发送功率分别定义为$P_{1,i}(i=1,2,\cdots,N)$。

假设3 根据Palm定理，假定系统$S_j,j\in\{0,1\}$位于原点处存在一个典型接收机，那么这个接收机将不会影响PPP分布的静态性。

8.2.3 信道模型

系统的信道传播模型中考虑了路损模型和瑞利衰落模型，其形式满足

$$P_{rx}=\delta P_{tx}|D|^{-\alpha} \tag{8-2-1}$$

式中，P_{tx}和P_{rx}分别代表了发送机和接收机功率；α是路损系数；$|D|$是发送机和接收机之间的距离；δ表示瑞利衰落系数，对于系统中每条通信链路满足单位均值的独立指数分布。

在每个共享频带上，典型接收机将会承受来自蜂窝与D2D系统中发送机产生的干扰，在频带i上的系统$S_j,j\in\{0,1\}$的分布服从标识泊松点过程（Marked Poission point process，MPPP），而其中δ_{jk}和X_{jk}分别被定义为系统S_j中节点k的瑞利衰落系数和到原点的距离。

8.3 多频带蜂窝与D2D混合网络的系统容量

8.3.1 单频带中断概率

在每个特定频带上，典型接收机处的干扰是由蜂窝与D2D系统同时造成的，那么系统S_n（n为0或者1）的接收机在第i个频带上的SINR为

$$\mathrm{SINR}_{n,i}=\frac{P_{n,i}\delta_{n0,i}R_{n0,i}^{-\alpha}}{\sum\limits_{j\in\{0,1\}}\sum\limits_{(X_{jk},\delta_{jk})\in\Pi_j}P_{j,i}\delta_{jk}|X_{jk}|^{-\alpha}+N_0} \tag{8-3-1}$$

式中，$\delta_{n0,i}$和$R_{n0,i}$分别是从接收端观察，在第i个频带上系统S_n从发送机到典型接收机所经历的瑞利衰落系数和距离；N_0是热噪声。又因为D2D通信的频谱共享特性是主要考虑的因素，也即所分析的蜂窝与D2D混合网络是干扰受限系统，所以这里将热噪声忽略，那么系统SINR转变为信干比SIR，如下：

$$\mathrm{SIR}_{n,i}=\frac{\delta_{n0,i}R_{n0,i}^{-\alpha}}{I_{n,i,0}+I_{n,i,1}} \tag{8-3-2}$$

式中，$I_{n,i,0}=\sum\limits_{(X_{0k},\delta_{0k})\in\Pi_0}\left(\frac{P_{0,i}}{P_{n,i}}\right)\delta_{0k}|X_{0k}|^{-\alpha}$，$I_{n,i,1}=\sum\limits_{(X_{1k},\delta_{1k})\in\Pi_1}\left(\frac{P_{1,i}}{P_{n,i}}\right)\delta_{1k}|X_{1k}|^{-\alpha}$，设

$T_{n,i}$为第 i 个频带上的 SIR 阈值，那么接下来的引理将会给出一个典型接收机的中断概率：

引理 1　在第 i 个（$i=1,2,\cdots,N$）频带上，系统 S_n（n 为 0 或 1）的典型接收机中断概率满足

$$\Pr(\mathrm{SIR}_{n,i} \leqslant T_{n,i}) = 1 - \exp\left\{-\zeta_{n,i}\sum_{j\in\{0,1\}}\lambda_{j,i}\left(\frac{P_{j,i}}{P_{n,i}}\right)^{\frac{2}{\alpha}}\right\} \quad (8-3-3)$$

式中，$\Pr(\cdot)$ 表示概率，$\zeta_{n,i}=\left[\pi\Gamma\left(1+\frac{2}{\alpha}\right)\Gamma\left(1-\frac{2}{\alpha}\right)\right]T_{n,i}^{\frac{2}{\alpha}}R_{n0,i}^{2}$。

证明　从等式（8-3-2）中，中断概率满足：

$$\begin{aligned}\Pr(\mathrm{SIR}_{n,i} \leqslant T_{n,i}) &= 1 - \Pr(\mathrm{SIR}_{n,i} \geqslant T_{n,i}) \\ &= 1 - \Pr(\delta_{n0,i} \geqslant T_{n,i}R_{n0,i}^{\alpha}(I_{n,i,0}+I_{n,i,1})) \\ &= 1 - \int_0^{\infty} e^{-sT_{n,i}R_{n0,i}^{\alpha}}\mathrm{d}[\Pr(I_{n,i,0}+I_{n,i,1} \leqslant s)] \\ &= 1 - \psi_{I_{n,i,0}}(T_{n,i}R_{n0,i}^{\alpha})\psi_{I_{n,i,1}}(T_{n,i}R_{n0,i}^{\alpha}) \end{aligned} \quad (8-3-4)$$

式中，$\psi_{I_{n,i,0}}(\cdot)$和 $\psi_{I_{n,i,1}}(\cdot)$分别是 $I_{n,i,0}$和 $I_{n,i,1}$的拉普拉斯变换。因为本章的分析是基于二维平面 H 并且 $\delta_{n0,i}$满足独立指数分布，那么可以得到

$$\psi_{I_{n,i,0}}(s) = \exp\left\{-\lambda_{0,i}\pi\left(\frac{sP_{0,i}}{P_{n,i}}\right)^{\frac{2}{\alpha}}\Gamma\left(1+\frac{2}{\alpha}\right)\Gamma\left(1-\frac{2}{\alpha}\right)\right\} \quad (8-3-5)$$

这里 $\Gamma(\cdot)$ 表示伽玛函数，其形式为 $\Gamma(z) = \int_0^{\infty} e^{-t}t^{z-1}\mathrm{d}t$ 。类似地有

$$\psi_{I_{n,i,1}}(s) = \exp\left\{-\lambda_{1,i}\pi\left(\frac{sP_{1,i}}{P_{n,i}}\right)^{\frac{2}{\alpha}}\Gamma\left(1+\frac{2}{\alpha}\right)\Gamma\left(1-\frac{2}{\alpha}\right)\right\} \quad (8-3-6)$$

代式（8-3-5）和式（8-3-6）回式（8-3-4），那么结果如下：

$$\begin{aligned}\Pr(\mathrm{SIR}_{n,i} \leqslant T_{n,i}) &= 1 - \psi_{I_{n,i,0}}(T_{n,i}R_{n0,i}^{\alpha})\psi_{I_{n,i,1}}(T_{n,i}R_{n0,i}^{\alpha}) \\ &= 1 - \exp\left\{-\pi\Gamma\left(1+\frac{2}{\alpha}\right)\Gamma\left(1-\frac{2}{\alpha}\right)T_{n,i}^{\frac{2}{\alpha}}R_{n0,i}^{2}\sum_{j\in\{0,1\}}\lambda_{j,i}\left(\frac{P_{j,i}}{P_{n,i}}\right)^{\frac{2}{\alpha}}\right\} \end{aligned} \quad (8-3-7)$$

定义 $\zeta_{n,i}=\pi\Gamma\left(1+\frac{2}{\alpha}\right)\Gamma\left(1-\frac{2}{\alpha}\right)T_{n,i}^{\frac{2}{\alpha}}R_{n0,i}^{2}$，那么便得到式（8-3-3）。

基于引理 1，系统 S_n（n 为 0 或 1）典型接收机的成功传输概率可以表示成

$$\Pr_{n,i}^{\mathrm{suc}}(\lambda_{n,i},\lambda_{j,i}) = 1 - \Pr(\mathrm{SIR}_{n,i} \leqslant T_{n,i}) = \Pr(\mathrm{SIR}_{n,i} \geqslant T_{n,i}) \quad (8-3-8)$$

式中，$\lambda_{n,i}$是在第 i 个频带上系统 S_n 节点密度。

8.3.2 以 D2D 用户密度和功率为参数的多频带 D2D 网络系统容量

根据等式（8-3-8），这里给出如下定义：

定义 1 蜂窝与 D2D 混合网络下的 D2D 系统容量定义为

$$f(\lambda_{0,i},P_{0,i}) = \sum_{i=1}^{N}\omega_i\lambda_{0,i}\mathrm{e}^{-\zeta_{0,i}\left[\lambda_{0,i}+\left(\frac{P_{1,i}}{P_{0,i}}\right)^{\frac{2}{\alpha}}\lambda_{1,i}\right]} \tag{8-3-9}$$

式中，$\omega_i = \dfrac{W_i}{\sum_{m=1}^{N}W_m}$，$W_i$ 是第 i 个频带的带宽，则 $\sum_{m=1}^{N}W_m$ 为整个频带带宽；$P_{0,i}$ 是每个频带上的 D2D 发送功率；$\lambda_{0,i}$ 是每个频带上 D2D 用户密度。

D2D 通信能够以复用的方式来重用蜂窝网络的 N 个频带，D2D 发送功率和用户密度则需要满足蜂窝传输和 D2D 传输的中断概率阈值，因此这里有如下限制：

$$1-\mathrm{e}^{-\zeta_{0,i}\left[\lambda_{0,i}+\left(\frac{P_{1,i}}{P_{0,i}}\right)^{\frac{2}{\alpha}}\lambda_{1,i}\right]}\leqslant\theta_0 \tag{8-3-10}$$

$$1-\mathrm{e}^{-\zeta_{1,i}\left[\lambda_{1,i}+\left(\frac{P_{0,i}}{P_{1,i}}\right)^{\frac{2}{\alpha}}\lambda_{0,i}\right]}\leqslant\theta_1 \tag{8-3-11}$$

$$0\leqslant\lambda_{0,i}\leqslant\lambda_{\max,i}(i=1,2,\cdots,N) \tag{8-3-12}$$

$$0\leqslant P_{0,i}\leqslant P_{\max,i}(i=1,2,\cdots,N) \tag{8-3-13}$$

式中，θ_0 是单个频带上 D2D 链路的最大中断概率，而 θ_1 是蜂窝用户在其工作频带上的中断概率阈值，$\lambda_{\max,i}$ 和 $P_{\max,i}$ 分别是每个频带上 D2D 系统的最大用户密度与发送功率。

8.4 多频带 D2D 用户资源分配和功率控制

在本节中，将分析在 D2D 用户密度与功率约束条件下的混合网络系统性能，而在得到了优化的 D2D 用户密度和 D2D 功率闭式表达式以后，本节提出了一个优化迭代算法用以求得系统最优性能。

8.4.1 D2D 用户资源分配约束条件下的 D2D 系统性能优化

首先分析带有 D2D 用户密度约束的系统优化，注意到在分析每个频带上 D2D 用户密度时，D2D 发送功率能够被认为是固定的，那么从不等式（8-3-10）和式（8-3-11），可以得到

$$\lambda_{0,i}\leqslant\frac{-1}{\zeta_{0,i}}\ln(1-\theta_0)-\left(\frac{P_{1,i}}{P_{0,i}}\right)^{\frac{2}{\alpha}}\lambda_{1,i} \tag{8-4-1}$$

$$\lambda_{0,i} \leqslant \left(\frac{P_{1,i}}{P_{0,i}}\right)^{\frac{2}{\alpha}} \left(\frac{-1}{\zeta_{1,i}}\ln(1-\theta_1)-\lambda_{1,i}\right) \tag{8-4-2}$$

令 $\lambda_{0,i,\mathrm{sup}_1} = \frac{-1}{\zeta_{0,i}}\ln(1-\theta_0) - \left(\frac{P_{1,i}}{P_{0,i}}\right)^{\frac{2}{\alpha}}\lambda_{1,i}$，以及 $\lambda_{0,i,\mathrm{sup}_2} = \left(\frac{P_{1,i}}{P_{0,i}}\right)^{\frac{2}{\alpha}} \cdot \left(\frac{-1}{\zeta_{1,i}}\ln(1-\theta_1)-\lambda_{1,i}\right)$，从约束条件（8－3－12）中，在单个频带上的 D2D 用户密度上界为 $\lambda_{0,i,\mathrm{sup}} = \min\{\lambda_{0,i,\mathrm{sup}_1}, \lambda_{0,i,\mathrm{sup}_2}, \lambda_{\max,i}\}$ $(i=1,2,\cdots,N)$。

定义整个系统的 D2D 用户密度为 λ_0，因此需要满足 $\sum_{i=1}^{N}\lambda_{0,i} = \lambda_0$ 和 $\lambda_0 \leqslant \sum_{i=1}^{N}\lambda_{0,i,\mathrm{sup}}$，否则当 $\lambda_0 > \sum_{i=1}^{N}\lambda_{0,i,\mathrm{sup}}$ 时，通过控制每个频带上 D2D 用户的激活率仅仅可以满足条件 $0 \leqslant \lambda_{0,i} \leqslant \lambda_{0,i,\mathrm{sup}}$ $(i=1,2,\cdots,N)$。因此在每个频带上 D2D 用户密度的优化将分为两方面进行讨论。

（1）当整个 D2D 系统的用户密度 $\lambda_0 > \sum_{i=1}^{N}\lambda_{0,i,\mathrm{sup}}$，可以得到

$$\begin{aligned} \max \quad & f(\lambda_{0,i},P_{0,i}) = \sum_{i=1}^{N}\omega_i\lambda_{0,i}\mathrm{e}^{-\zeta_{0,i}\left[\lambda_{0,i}+\left(\frac{P_{1,i}}{P_{0,i}}\right)^{\frac{2}{\alpha}}\lambda_{1,i}\right]} \\ \text{s.t.} \quad & 0 \leqslant \lambda_{0,i} \leqslant \lambda_{0,i,\mathrm{sup}} (i=1,2,\cdots,N) \end{aligned} \tag{8-4-3}$$

对 $f(\lambda_{0,i}, P_{0,i})$ 求关于 $\lambda_{0,i}$ 的导数，得到

$$\frac{\partial f(\lambda_{0,i},P_{0,i})}{\partial\lambda_{0,i}} = (1-\zeta_{0,i}\lambda_{0,i})\omega_i\mathrm{e}^{-\zeta_{0,i}\left[\lambda_{0,i}+\left(\frac{P_{1,i}}{P_{0,i}}\right)^{\frac{2}{\alpha}}\lambda_{1,i}\right]} \tag{8-4-4}$$

令 $\frac{\partial f(\lambda_{0,i},P_{0,i})}{\partial\lambda_{0,i}}=0$，得到 $\lambda_{0,i}=\frac{1}{\zeta_{0,i}}$，因此在第 i 个频带上优化的 D2D 用户密度值 $\lambda^*_{0,i,\mathrm{opt}_1}$ 为

$$\lambda^*_{0,i,\mathrm{opt}_1} = \begin{cases} \lambda_{0,i,\mathrm{sup}} & \lambda_{0,i,\mathrm{sup}} < \frac{1}{\zeta_{0,i}} \\ \frac{1}{\zeta_{0,i}} & \lambda_{0,i,\mathrm{sup}} \geqslant \frac{1}{\zeta_{0,i}} \end{cases} \quad (i=1,2,\cdots,N) \tag{8-4-5}$$

（2）当 D2D 系统的用户密度 $\lambda_0 \leqslant \sum_{i=1}^{N}\lambda_{0,i,\mathrm{sup}}$，可以得到

$$\begin{aligned} \max \quad & f(\lambda_{0,i},P_{0,i}) = \sum_{i=1}^{N}\omega_i\lambda_{0,i}\mathrm{e}^{-\zeta_{0,i}\left[\lambda_{0,i}+\left(\frac{P_{1,i}}{P_{0,i}}\right)^{\frac{2}{\alpha}}\lambda_{1,i}\right]} \\ \text{s.t.} \quad & 0 \leqslant \lambda_{0,i} \leqslant \lambda_{0,i,\mathrm{sup}} (i=1,2,\cdots,N) \\ & \sum_{i=1}^{N}\lambda_{0,i} = \lambda_0 \end{aligned} \tag{8-4-6}$$

那么接下来的定理将会给出优化的 D2D 用户密度。

定理 1 在给定 D2D 发送功率 $P_{0,i}(i=1,2,\cdots,N)$ 时，在第 i 个频带上优化的 D2D 用户资源分配为

$$\lambda_{0,i,\mathrm{opt}_2}^{*}=\begin{cases}\lambda_{0,i,\sup},\ 0\leqslant\psi<(1-\zeta_{0,i}\lambda_{0,i,\sup})\mathrm{e}^{-\zeta_{0,i}\lambda_{0,i,\sup}}\\ \dfrac{1}{\zeta_{0,i}}(1-\sqrt{\rho}),\ (1-\zeta_{0,i}\lambda_{0,i,\sup})\mathrm{e}^{-\zeta_{0,i}\lambda_{0,i,\sup}}\leqslant\rho<1\\ 0,\ 1\leqslant\rho\end{cases}\tag{8-4-7}$$

式中，$\rho=\dfrac{v}{A_i}$，$A_i=\omega_i\mathrm{e}^{-\zeta_{0,i}\left(\frac{P_{1,i}}{P_{0,i}}\right)^{\frac{2}{\alpha}}\lambda_{1,i}}(i=1,2,\cdots,N)$，$v$ 是拉格朗日乘积因子，同时稳定的满足条件 $\sum\limits_{i=0}^{N}\lambda_{0,i,\mathrm{opt}_2}^{*}=\lambda_0$。

证明 令 $\lambda_{0,i}=x_i$，那么式（8-4-6）的优化问题变为

$$\begin{gathered}\min -f(x_i)=-\sum_{i=1}^{N}A_ix_i\mathrm{e}^{-\zeta_{0,i}x_i}\\ \text{s.t.}\quad x_i\geqslant 0\\ x_i-\lambda_{0,i,\sup}\leqslant 0(i=1,2,\cdots,N)\\ \sum_{i=1}^{N}x_i=\lambda_0\end{gathered}\tag{8-4-8}$$

目标函数关于 $\lambda_{0,i}$ 的二阶导数满足

$$-f''(x_i)=A_i\zeta_{0,i}(2-\zeta_{0,i}x_i)\mathrm{e}^{-\zeta_{0,i}x_i}\tag{8-4-9}$$

在实际蜂窝与 D2D 混合网络中，蜂窝与 D2D 通信的中断概率约束 θ_0 和 θ_1 都为很小的值，那么导致 $\zeta_{0,i}x_i<2$，因此

$$-f''(x_i)>0,\ 0\leqslant x_i\leqslant\lambda_{0,i,\sup}\tag{8-4-10}$$

因此优化问题为一个凸优化问题，定义的 x_i 优化值为 x_i^*，接着有如下拉格朗日函数：

$$\begin{aligned}L(x_i^*,k_i,l_i,v)=&-\sum_{i=1}^{N}A_ix_i^*\mathrm{e}^{-\zeta_{0,i}x_i^*}-\sum_{i=1}^{N}k_ix_i^*+\\&\sum_{i=1}^{N}l_i(x_i^*-\lambda_{0,i,\sup})+v\left(\sum_{i=1}^{N}x_i^*-\lambda_0\right)\end{aligned}\tag{8-4-11}$$

根据 KKT 条件，可以得到如下代数表达式：

$$x_i^*\geqslant 0,\ i=1,2,\cdots,N\tag{8-4-12}$$

$$k_i\geqslant 0,\ i=1,2,\cdots,N\tag{8-4-13}$$

$$l_i\geqslant 0,\ i=1,2,\cdots,N\tag{8-4-14}$$

$$x_i^*-\lambda_{0,i,\sup}\leqslant 0,\ i=1,2,\cdots,N\tag{8-4-15}$$

$$k_i x_i^* = 0,\ i = 1, 2, \cdots, N \tag{8-4-16}$$

$$l_i(x_i^* - \lambda_{0,i,\sup}) = 0,\ i = 1, 2, \cdots, N \tag{8-4-17}$$

$$-A_i(1 - \zeta_{0,i} x_i^*) e^{-\zeta_{0,i} x_i^*} - k_i + l_i + v = 0,\ i = 1, 2, \cdots, N \tag{8-4-18}$$

$$\sum_{i=1}^{N} x_i^* = \lambda_0 \tag{8-4-19}$$

从式（8-4-18）中可知 $k_i = l_i + v - A_i(1 - \zeta_{0,i} x_i^*) e^{-\zeta_{0,i} x_i^*}$，从式（8-4-17）中可以得到 $l_i x_i^* = l_i \lambda_{0,i,\sup}$，因此代入这两个式子到式（8-4-16）后变形，得到

$$[v - A_i(1 - \zeta_{0,i} x_i^*) e^{-\zeta_{0,i} x_i^*}] x_i^* + l_i \lambda_{0,i,\sup} = 0 \tag{8-4-20}$$

结合式（8-4-12）到式（8-4-16），能够得到：

如果 $v \geqslant A_i$，$v - A_i(1 - \zeta_{0,i} x_i^*) e^{-\zeta_{0,i} x_i^*} > 0$，那么 $x_i^* = 0$，$l_i = 0$。

如果 $v < A_i$，可以得到以下结果：

如果 $v \geqslant A_i(1 - \zeta_{0,i} \lambda_{0,i,\sup}^*) e^{-\zeta_{0,i} \lambda_{0,i,\sup}^*}$，那么 $l_i = 0$。根据式（8-4-20），可以得到

$$v - A_i(1 - \zeta_{0,i} x_i^*) e^{-\zeta_{0,i} x_i^*} = 0 \tag{8-4-21}$$

代入等价无穷小 $e^{-\zeta_{0,i} x_i^*} \sim (1 + \zeta_{0,i} x_i^*)$ 到式子中，这里得到 $x_i^* = \frac{1}{\zeta_{0,i}}\left(1 - \sqrt{\frac{v}{A_i}}\right)$，否则有 $x_i^* = \lambda_{0,i,\sup}$。因此从上面的结论中能够得到式（8-4-7）。

8.4.2　带有 D2D 发送功率约束的 D2D 系统性能优化

接下来分析带有 D2D 功率约束的优化操作，注意到当分析每个频带上的 D2D 功率时，这里 D2D 用户密度是固定的，从不等式（8-4-1）和式（8-4-2）中，可以得到

$$P_{0,i} \geqslant P_{1,i}\left[\frac{-\ln(1-\theta_0)}{\lambda_{1,i}\zeta_{0,i}} - \frac{\lambda_{0,i}}{\lambda_{1,i}}\right]^{\frac{-\alpha}{2}} \tag{8-4-22}$$

$$P_{0,i} \leqslant P_{1,i}\left[\frac{-\ln(1-\theta_1)}{\lambda_{0,i}\zeta_{1,i}} - \frac{\lambda_{1,i}}{\lambda_{0,i}}\right]^{\frac{\alpha}{2}} \tag{8-4-23}$$

令 $P_{0,i,\inf_1} = P_{1,i}\left[\frac{-\ln(1-\theta_0)}{\lambda_{1,i}\zeta_{0,i}} - \frac{\lambda_{0,i}}{\lambda_{1,i}}\right]^{\frac{-\alpha}{2}}$ 和 $P_{0,i,\sup_1} = P_{1,i}\left[\frac{-\ln(1-\theta_1)}{\lambda_{0,i}\zeta_{1,i}} - \frac{\lambda_{1,i}}{\lambda_{0,i}}\right]^{\frac{\alpha}{2}}$，从约束条件（8-3-13）中，在一个单独的频带上 D2D 传输功率的下界和上界分别为 $P_{0,i,\inf} = \max\{0, P_{0,i,\inf_1}\}$ 和 $P_{0,i,\sup} = \min\{P_{\max,i}, P_{0,i,\sup_1}\}$，$i = 1, 2, \cdots, N$。

D2D 发送功率的上限为 P_0，因此应有 $P_0 \leqslant \sum_{i=1}^{N} P_{0,i,\sup}$；否则，当 $P_0 > \sum_{i=1}^{N} P_{0,i,\sup}$ 时，仅仅只能通过在每个频带上进行 D2D 用户激活控制来满足 $P_{0,i,\inf} \leqslant P_{0,i} \leqslant P_{0,i,\sup}(i=1,2,\cdots,N)$。因此在每个频带上优化的 D2D 发送功率将按照两方面进行讨论：

（1）当 D2D 功率约束 $P_0 > \sum_{i=1}^{N} P_{0,i,\sup}$ 时，能够得到

$$\max \quad f(\lambda_{0,i},P_{0,i}) = \sum_{i=1}^{N} \omega_i \lambda_{0,i} \mathrm{e}^{-\zeta_{0,i}\left[\lambda_{0,i}+\left(\frac{P_{1,i}}{P_{0,i}}\right)^{\frac{2}{\alpha}}\lambda_{1,i}\right]}$$
$$\text{s.t.} \quad P_{0,i,\inf} \leqslant P_{0,i} \leqslant P_{0,i,\sup}(i=1,2,\cdots,N) \qquad (8-4-24)$$

很明显当 $P_{0,i}=P_{0,i,\sup}$，$f(\lambda_{0,i},P_{0,i})$ 能够在 $P_{0,i}$ 的定义域上取到最大值，因此优化的 D2D 发送功率值为

$$P_{0,i,\text{opt}_1}^{*} = P_{0,i,\sup}(i=1,2,\cdots,N) \qquad (8-4-25)$$

然而，注意到当 $P_{0,i,\inf} \leqslant P_{0,i,\sup}(i=1,2,\cdots,N)$ 可以得到最大值，而当 $P_{0,i,\inf} > P_{0,i,\sup}$，则以下不等式成立：

$$P_{1,i}\left[\frac{-\ln(1-\theta_0)}{\lambda_{1,i}\zeta_{0,i}} - \frac{\lambda_{0,i}}{\lambda_{1,i}}\right]^{\frac{-\alpha}{2}} > P_{1,i}\left[\frac{-\ln(1-\theta_1)}{\lambda_{0,i}\zeta_{1,i}} - \frac{\lambda_{1,i}}{\lambda_{0,i}}\right]^{\frac{\alpha}{2}} \qquad (8-4-26)$$

定义 $\xi_{0,i} = \frac{-\ln(1-\theta_0)}{\zeta_{0,i}}$，并且 $\xi_{1,i} = \frac{-\ln(1-\theta_1)}{\zeta_{1,i}}$，接着变换上式，可以得到

$$\left(\frac{\xi_{0,i}}{\lambda_{1,i}} - \frac{\lambda_{0,i}}{\lambda_{1,i}}\right)\left(\frac{\xi_{1,i}}{\lambda_{0,i}} - \frac{\lambda_{1,i}}{\lambda_{0,i}}\right) < 1 \qquad (8-4-27)$$

随着在第 i 个频带上 D2D 用户密度的增长，干扰变得越来越大，一旦 D2D 用户密度变得足够大导致不等式（8－4－19）成立，那么只要 D2D 在此频带上传输信号，那么蜂窝与 D2D 通信将不能同时被确保。唯一的方式是 D2D 放弃选择该频段，因此在此频段上，$P_{0,i}$ 将为 0。为了下面的分析，因此 $P_{0,i,\inf} \leqslant P_{0,i,\sup}$ 需成立，而如果 $P_{0,i,\inf} > P_{0,i,\sup}$，那么 D2D 将禁止在此频段上发送信号。

（2）当 D2D 发送功率约束 $P_0 < \sum_{i=1}^{N} P_{0,i,\sup}$ 时，能够得到

$$
\begin{aligned}
\max \quad & f(\lambda_{0,i},P_{0,i}) = \sum_{i=1}^{N} \omega_i \lambda_{0,i} \mathrm{e}^{-\zeta_{0,i}\left[\lambda_{0,i}+\left(\frac{P_{1,i}}{P_{0,i}}\right)^{\frac{2}{\alpha}}\lambda_{1,i}\right]} \\
\text{s. t.} \quad & P_{0,i,\inf} \leqslant P_{0,i} \leqslant P_{0,i,\sup}(i=1,2,\cdots,N) \\
& \sum_{i=1}^{N} P_{0,i} = P_0
\end{aligned}
\tag{8-4-28}
$$

在实际蜂窝与 D2D 混合网络中，复用频谱的 D2D 不能够造成蜂窝用户严重干扰，因此定义 $B_i=\omega_i\lambda_{0,i}\mathrm{e}^{-\zeta_{0,i}\lambda_{0,i}}$，$D_i=\zeta_{0,i}P_{1,i}^{\frac{2}{\alpha}}\lambda_{1,i}(i=1,2,\cdots,N)$，得到如下定理。

定理 2　当蜂窝中断概率阈值 $\theta_1\in(0,1-\mathrm{e}^{-\lambda_{1,i}\zeta_{1,i}})$，那么 D2D 网络的系统容量的负值 $-f(\lambda_{0,i},P_{0,i})=-\sum_{i=1}^{N}\omega_i\lambda_{0,i}\mathrm{e}^{-\zeta_{0,i}\left[\lambda_{0,i}+\left(\frac{P_{1,i}}{P_{0,i}}\right)^{\frac{2}{\alpha}}\lambda_{1,i}\right]}$将为 D2D 发送功率定义域$[P_{0,i,\inf},P_{0,i,\sup}]$上的凸函数。

证明　从目标函数式（8-4-28）中，能够得到

$$
-\omega_i\lambda_{0,i}\mathrm{e}^{-\zeta_{0,i}\left[\lambda_{0,i}+\left(\frac{P_{1,i}}{P_{0,i}}\right)^{\frac{2}{\alpha}}\lambda_{1,i}\right]} = -\omega_i\lambda_{0,i}\mathrm{e}^{-\zeta_{0,i}\lambda_{0,i}}\cdot \mathrm{e}^{-\zeta_{0,i}\left(\frac{P_{1,i}}{P_{0,i}}\right)^{\frac{2}{\alpha}}\lambda_{1,i}}
\tag{8-4-29}
$$

接着上面的等式可以转换为 $-f(\lambda_{0,i},P_{0,i})=-B_i\mathrm{e}^{-D_iP_{0,i}^{\frac{-2}{\alpha}}}$。计算其关于 $P_{0,i}$的二阶偏导数，能够得到

$$
-f''(\lambda_{0,i},P_{0,i})=\frac{2B_iD_i\mathrm{e}^{-D_iP_{0,i}^{\frac{-2}{\alpha}}}P_{0,i}^{\frac{-2(\alpha+2)}{\alpha}}}{\alpha^2}\left[-2D_i+(\alpha+2)P_{0,i}^{\frac{2}{\alpha}}\right]
\tag{8-4-30}
$$

而 $P_{0,i}$满足 $P_{0,i,\inf}\leqslant P_{0,i}\leqslant P_{0,i,\sup}$，并且很明显 $-2D_i+(\alpha+2)P_{0,i}^{\frac{2}{\alpha}}$是 $P_{0,i}$的单调增函数，所以如果 $P_{0,i}$的下界使得二阶偏导数大于零，那么所有的 $P_{0,i}$值都会大于零。由于 $P_{0,i,\inf}=\left\{0,P_{1,i}\left[-\frac{\ln(1-\theta_0)}{\lambda_{1,i}\zeta_{0,i}}-\frac{\lambda_{0,i}}{\lambda_{1,i}}\right]^{\frac{-\alpha}{2}}\right\}$，那么可以得到：

1）当 $P_{0,i,\inf}=0$，很明显 $-f''(\lambda_{0,i},\ P_{0,i})\geqslant 0$。

2）当 $P_{0,i,\inf}>0$，有下式成立：

$$
-2D_i+(\alpha+2)P_{0,i,\inf}^{\frac{2}{\alpha}}=-\zeta_{0,i}P_{1,i}^{\frac{2}{\alpha}}\lambda_{1,i}\left[2+\frac{(\alpha+2)}{\ln(1-\theta_0)+\lambda_{0,i}\zeta_{1,i}}\right]
\tag{8-4-31}
$$

从 $P_{0,i,\inf}>0$，可以知道

$$P_{0,i,\inf}=P_{1,i}\left[-\frac{\ln(1-\theta_0)}{\lambda_{1,i}\zeta_{0,i}}-\frac{\lambda_{0,i}}{\lambda_{1,i}}\right]^{\frac{-\alpha}{2}}>0 \tag{8-4-32}$$

因此能够得到

$$P_{1,i}\left(\frac{1}{\lambda_{1,i}}\right)^{\frac{-\alpha}{2}}\left(\frac{1}{\zeta_{0,i}}\right)^{\frac{-\alpha}{2}}[-\ln(1-\theta_0)-\zeta_{0,i}\lambda_{0,i}]^{\frac{-\alpha}{2}}>0 \tag{8-4-33}$$

因此 $\ln(1-\theta_0)+\zeta_{0,i}\lambda_{0,i}<0$。并且为了保证实际的 D2D 通信，D2D 中断概率阈值被定义为一个非常小的值。这里令 $0<\theta_0<1-\mathrm{e}^{-(1+\zeta_{0,i}\lambda_{0,i})}$，因此可以得到

$$-1<\ln(1-\theta_0)+\zeta_{0,i}\lambda_{0,i}<0 \tag{8-4-34}$$

接着有 $2+\dfrac{\alpha+2}{\ln(1-\theta_0)+\zeta_{0,i}\lambda_{0,i}}<0$，并且能够得到

$$-2D_i+(\alpha+2)P_{0,i,\inf}^{\frac{2}{\alpha}}>0 \tag{8-4-35}$$

因此可知当 $P_{0,i}=P_{0,i,\inf}$，$-f''(\lambda_{0,i},P_{0,i})>0$。而随着 $P_{0,i}$ 单调增加，当 $P_{0,i}\in[P_{0,i,\inf},P_{0,i,\sup}]$，$-f(\lambda_{0,i},P_{0,i})$ 为凸函数。

接着下面的定理阐明了每个频带上优化的 D2D 发送功率。

定理 3 在每个频带上给定 D2D 用户密度 $\lambda_{0,i}(i=1,2,\cdots,N)$，在第 i 个频带 $(i=1,2,\cdots,N)$ 上优化的 D2D 发送功率 P^*_{0,i,opt_2} 为

$$P^*_{0,i,\mathrm{opt}_2}=\begin{cases}P_{0,i,\sup}, & u\leqslant h_{0,i,\min}\\ P^*_{0,i,\mathrm{solution}}, & h_{0,i,\min}<u\leqslant h_{0,i,\max}\\ P_{0,i,\inf}, & h_{0,i,\max}<u\end{cases} \tag{8-4-36}$$

对于每个频带，其中 $[h_{0,i,\min},h_{0,i,\max}]$ 是函数 $h(P_{0,i})=\dfrac{2B_iD_i}{\alpha}\mathrm{e}^{-D_iP_{0,i}^{\frac{-2}{\alpha}}}\cdot P_{0,i}^{-\left(1+\frac{2}{\alpha}\right)}$ 的范围，并且 $P^*_{0,i,\mathrm{solution}}$ 是 $u-h(P_{0,i})=0$ 的解。而 u 是拉格朗日乘积因子，由条件 $\sum\limits_{i=1}^{N}P_{0,i}=P_0$ 决定。

证明 令 $P_{0,i}=p_i$，将优化问题（8-4-28）转换成标准形式：

$$\begin{aligned}\min\quad & -f(p_i)=-\sum_{i=1}^{N}\omega_i\lambda_{0,i}\mathrm{e}^{-\zeta_{0,i}\left[\lambda_{0,i}+\left(\frac{P_{1,i}}{P_{0,i}}\right)^{\frac{2}{\alpha}}\lambda_{1,i}\right]}\\ \text{s. t.}\quad & p_i-P_{0,i,\inf}\geqslant 0,\ i=1,2,\cdots,N\\ & p_i-P_{0,i,\sup}\leqslant 0,\ i=1,2,\cdots,N\\ & \sum_{i=1}^{N}p_i=P_0\end{aligned} \tag{8-4-37}$$

从前文的定理2中，可知目标函数是凸函数，定义 p_i 的优化符号为 p_i^*，构建如下拉格朗日函数：

$$L(p_i^*,s_i,t_i,u) = -\sum_{i=1}^{N} B_i \mathrm{e}^{-D_i p_i^{*\frac{-2}{\alpha}}} - \sum_{i=1}^{N} s_i(p_i^* - P_{0,i,\inf}) + \sum_{i=1}^{N} t_i(p_i^* - P_{0,i,\sup}) + u\left(\sum_{i=1}^{N} p_i^* - P_0\right) \tag{8-4-38}$$

根据KKT条件，可以得到

$$s_i \geqslant 0,\ i=1,2,\cdots,N \tag{8-4-39}$$

$$t_i \geqslant 0,\ i=1,2,\cdots,N \tag{8-4-40}$$

$$p_i^* - P_{0,i,\inf} \geqslant 0,\ i=1,2,\cdots,N \tag{8-4-41}$$

$$p_i^* - P_{0,i,\sup} \leqslant 0,\ i=1,2,\cdots,N \tag{8-4-42}$$

$$s_i(p_i^* - P_{0,i,\inf}) = 0,\ i=1,2,\cdots,N \tag{8-4-43}$$

$$t_i(p_i^* - P_{0,i,\sup}) = 0,\ i=1,2,\cdots,N \tag{8-4-44}$$

$$-\frac{2B_iD_i}{\alpha}\mathrm{e}^{-D_i p_i^{*\frac{-2}{\alpha}}} \cdot p_i^{*-\left(1+\frac{2}{\alpha}\right)} - s_i + t_i + u = 0,\ i=1,2,\cdots,N \tag{8-4-45}$$

$$\sum_{i=1}^{N} p_i^* = P_0 \tag{8-4-46}$$

转换式（8-4-45）成为

$$s_i = -\frac{2B_iD_i}{\alpha}\mathrm{e}^{-D_i p_i^{*\frac{-2}{\alpha}}} \cdot p_i^{*-\left(1+\frac{2}{\alpha}\right)} + t_i + u \tag{8-4-47}$$

从式（8-4-44）中，能够得到

$$t_i p_i^* = t_i P_{0,i,\sup} \tag{8-4-48}$$

将上述两个式子代入式（8-4-43），可以得到

$$\left[u - \frac{2B_iD_i}{\alpha}\mathrm{e}^{-D_i p_i^{*\frac{-2}{\alpha}}} \cdot p_i^{*-\left(1+\frac{2}{\alpha}\right)}\right](p_i^* - P_{0,i,\inf}) + t_i(P_{0,i,\sup} - P_{0,i,\inf}) = 0 \tag{8-4-49}$$

如果 $P_{0,i,\sup} \leqslant P_{0,i,\inf}$，可以得到 $p_i^* = 0$，否则令 $h(p_i^*) = \frac{2B_iD_i}{\alpha}\mathrm{e}^{-D_i p_i^{*\frac{-2}{\alpha}}} \cdot p_i^{*-\left(1+\frac{2}{\alpha}\right)}$，那么该函数为连续函数，并且其定义域为一个紧闭集，因此其范围为 $[h_{0,i,\min}, h_{0,i,\max}]$，能够得到：

1）当 $u \leqslant h_{0,i,\min}$，有 $p_i^* = P_{0,i,\inf}$，$t_i = 0$。

2）当 $h_{0,i,\min} < u \leqslant h_{0,i,\max}$，$t_i = 0$，并且 $u - \frac{2B_iD_i}{\alpha}\mathrm{e}^{-D_i p_i^{*\frac{-2}{\alpha}}} \cdot p_i^{*-\left(1+\frac{2}{\alpha}\right)} = 0$。

根据等价无穷小 $e^{-D_i p_i^{*\frac{-2}{\alpha}}} \sim (1 - D_i p_i^{*\frac{-2}{\alpha}})$ 并且代入等式中，有 $u - \frac{2B_i D_i}{\alpha}(1 - D_i p_i^{*\frac{-2}{\alpha}}) p_i^{*-\left(1+\frac{2}{\alpha}\right)} = 0$。当所有参数都固定时，就可以得到 p_i^* 的数值解，因此定义该数值为 $P_{0,i,\text{solution}}^*$。

3）当 $u > h_{0,i,\max}$，有 $p_i^* = P_{0,i,\sup}$ 满足 $u - \frac{2B_i D_i}{\alpha} e^{-D_i P_{0,i,\sup}^{\frac{-2}{\alpha}}} \cdot P_{0,i,\sup}^{-\left(1+\frac{2}{\alpha}\right)} + t_i = 0$。

代入结果到式（8-4-46），也即 $\sum_{i=1}^{N} p_i^* = P_0$。能够得到 u 的数值解，因此能够得到每个频道上 p_i^* 的特定解。

8.4.3 用于最优化系统性能的 D2D 用户资源分配与功率控制迭代算法

基于之前的分析，当固定 D2D 发送功率（或者用户密度）时，D2D 容量的目标函数是 D2D 用户密度（或者功发送率）的凸函数，这里本节提出一种优化的 D2D 用户密度和发送功率迭代算法，也即 D2D 用户密度和发送功率不断进行调整，用以最大化 D2D 系统容量，直到这个容量值达到稳定，具体的算法细节如下面算法 1 所示。

本质上，更新 D2D 用户密度和 D2D 发送功率是两个用于调整对蜂窝系统干扰的步骤。D2D 系统的两种参数具有相互对偶的关系，也即一个参数（用户密度或者发送功率）的优化值能够完全由另一个决定。整个迭代持续到系统容量稳定下来，最后使得优化的 D2D 用户密度和 D2D 发送功率不仅能够使 D2D 网络的系统容量达到最大值，而且能够使 D2D 通信对蜂窝通信造成的干扰保持在蜂窝通信能够忍受的范围内。

算法 1　用于最优化系统性能的 D2D 用户资源分配与功率控制迭代算法

初始化：

N，ω_i，θ_0，θ_1，λ_0，P_0，$\lambda_{1,i}$，$P_{1,i}$，$\zeta_{1,i}$，$\zeta_{0,i}$，$\lambda_{0,i} = 0$，$P_{0,i} = \frac{P_0}{N}$，$\lambda_{0,i,\sup}$，$P_{0,i,\inf}$，$P_{0,i,\sup}$，$i = 1, 2, \cdots, N$，$C_k = 0$，$k = 0$，$\text{flag} = 0$。

迭代：

While $\Delta C \geqslant \varepsilon$ **do**

$k \leftarrow k + 1$

If $\text{flag} = 0$ **then**

If $\lambda_0 > \sum_{i=1}^{N} \lambda_{0,i,\sup}$ **then**

根据式（8－4－5）更新每个频带上 D2D 用户密度 $\lambda_{0,i}$，$i=1,2,\cdots,N$。

Else

根据定理 1 更新每个频带上的 D2D 用户密度 $\lambda_{0,i}$，$i=1,2,\cdots,N$。

End if

更新 $\lambda_{0,i,\sup},i=1,2,\cdots,N$。

End if

If flag = 1 **then**

If $P_0 > \sum_{i=1}^{N} P_{0,i,\sup}$ **then**

每个频带上 D2D 功率为 $P_{0,i}=P_{0,i,\inf},i=1,2,\cdots,N$。

Else

根据定理 3 更新每个频带上 D2D 功率 $P_{0,i}=P_{0,i,\inf},i=1,2,\cdots,N$

End if

更新 $P_{0,i,\inf},P_{0,i,\sup},i=1,2,\cdots,N$。

End if

计算 D2D 系统容量 $C_k=\sum_{i=1}^{N} C_i,\Delta C=\frac{|C_{k+1}-C_k|}{C_k}$, flag = flag⊕1

End while

输出：优化 D2D 用户密度和功率值（$\lambda^*_{0,i,\mathrm{opt}}$，$P^*_{0,i,\mathrm{opt}}$）。

*注：1. flag 表示迭代运算中的标示位，只有 0 或者 1 两个值；2. C_k 和 C_i 表示第 k 次迭代和第 i 个频带上的 D2D 系统容量；3. ε 是 ΔC 预定义阈值；4. 符号“⊕”表示逻辑异或操作。

8.5　仿真结果与讨论

在本节中，将对前文所述的蜂窝网络下的 D2D 通信进行性能仿真，首先分析了单个频带上的 D2D 网络的中断概率和系统容量，接着在优化过程中的 D2D 用户密度与功率边界将会被讨论。此外，多频带上优化的 D2D 系统性能也会分三种情况进行讨论，多频带系统以五个频带作为基本频带，而频带的带宽比随着每个情况不同。最后，本章讨论了不同频带上的优化的 D2D 用户密度和功率，同时为了使结果得到更深层次的探讨，将所提出的算法同另外两种算法进行了对比。

8.5.1 单个频带上的D2D中断概率与性能仿真分析

表8－5－1给出了单个频带上的基本仿真参数。

表8－5－1 单个频带上的基本仿真参数

参数	物理意义	值
$R_{00,i}$	D2D平均链路距离	15 m
$R_{10,i}$	蜂窝平均链路距离	50 m
α	路损系数	4
θ_0	D2D中断概率	0.1
θ_1	蜂窝中断概率	0.1
$T_{0,i}$	D2D通信SIR阈值	0 dB
$T_{1,i}$	蜂窝通信SIR阈值	0 dB

图8－5－1给出了每个频带上D2D中断概率和D2D用户密度之间的关系。从图8－5－1中可看出，D2D通信的中断概率随着D2D用户密度的升高而升高，这是由于更高的D2D用户密度对D2D系统自身造成了更加严重的干扰。此外，图8－5－1（a）中显示了同样一个频带上在不同蜂窝用户密度下D2D的中断概率，可以看到，随着蜂窝用户密度的增加，D2D系统将会受到更多来自蜂窝通信的干扰，因此当蜂窝用户密度变得更大时，D2D中断概率也变得更大。从图8－5－1（b）的曲线中可以看出，D2D的功率越高，则可以得到更低的D2D中断概率。很容易知道，在同样D2D用户密度的系统中，带有更高的D2D功率能够使D2D通信得到更好的通信质量。而图8－5－1（c）则说明了蜂窝传输功率的影响，高的蜂窝功率造成对D2D系统更大的干扰，因此，随着更高蜂窝传输功率的出现，D2D中断概率曲线变得更高。

图8－5－2给出了每个频带上D2D中断概率和D2D发送功率之间的关系。从图8－5－2中可以看出，D2D中断概率随着D2D功率的增大而下降，这是因为增大了D2D发送功率能够在同样的环境中提升D2D通信的SIR。此外，从图8－5－2（a）中能够看到，在同样的D2D发送功率下，更大的D2D用户密度导致产生了更高的D2D中断概率，这是因为随着D2D用户密度的增加，D2D之间的干扰变得严重。另外，当D2D发送功率上升时，D2D中断概率曲线趋于稳定，这是由于高的D2D功率仅仅能够抵抗从蜂窝系统到D2D系统的有害干扰，但是不能够完全消除D2D用户之间的干扰。

图 8-5-2（b）显示了当蜂窝用户增加时，D2D 中断概率也随之升高，高的蜂窝用户密度能够导致更多从蜂窝系统到 D2D 系统的干扰。图 8-5-2（c）显示了更高的蜂窝功率导致了更大的 D2D 中断概率，这是因为蜂窝功率的提升会造成 D2D 通信受到更严重的干扰。

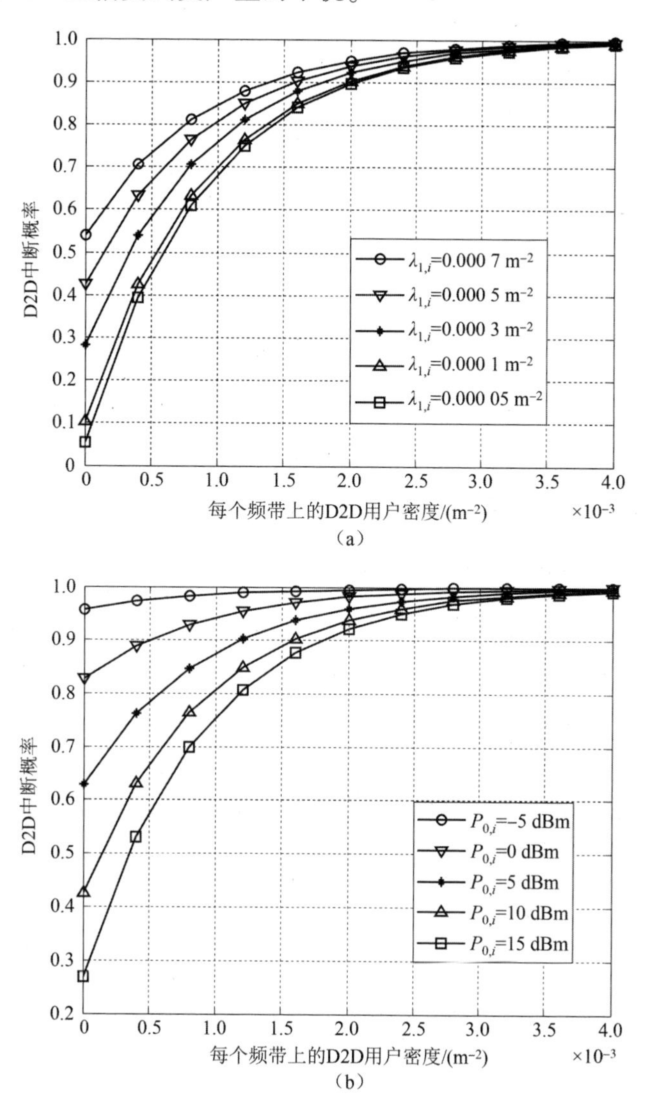

图 8-5-1　每个频带上 D2D 中断概率与 D2D 用户密度之间的关系

（a）在不同的蜂窝密度下；（b）在不同的 D2D 发送功率下

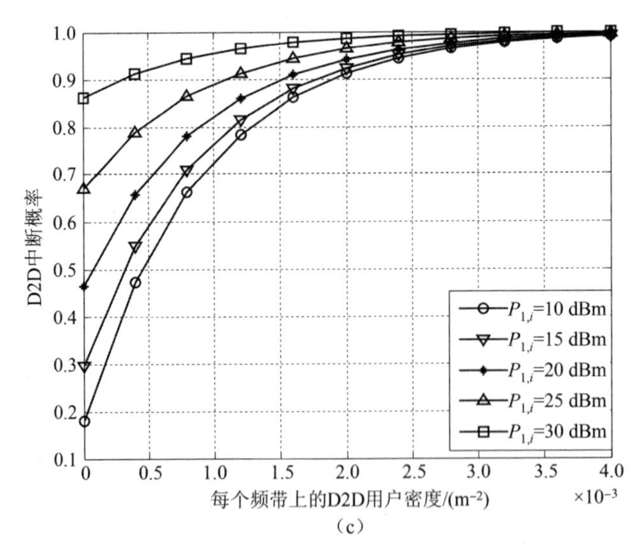

（c）

图 8-5-1　每个频带上 D2D 中断概率与 D2D 用户密度之间的关系（续）

（c）在不同的蜂窝发送功率下

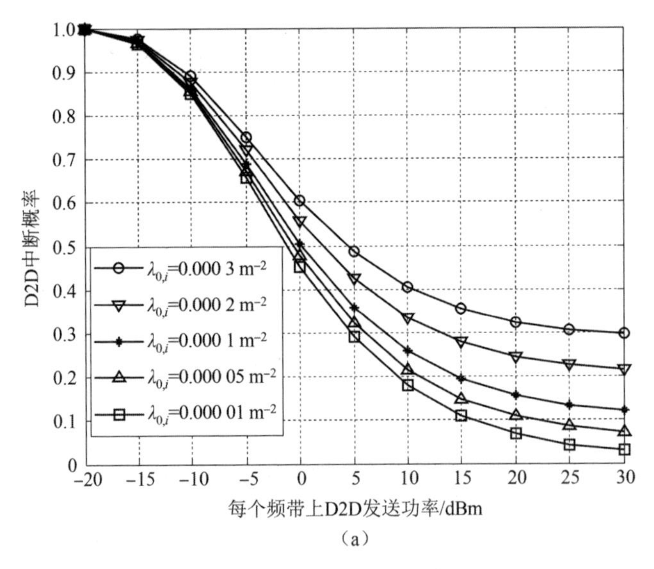

（a）

图 8-5-2　每个频带上 D2D 中断概率与 D2D 发送功率之间的关系

（a）在不同的 D2D 用户密度下

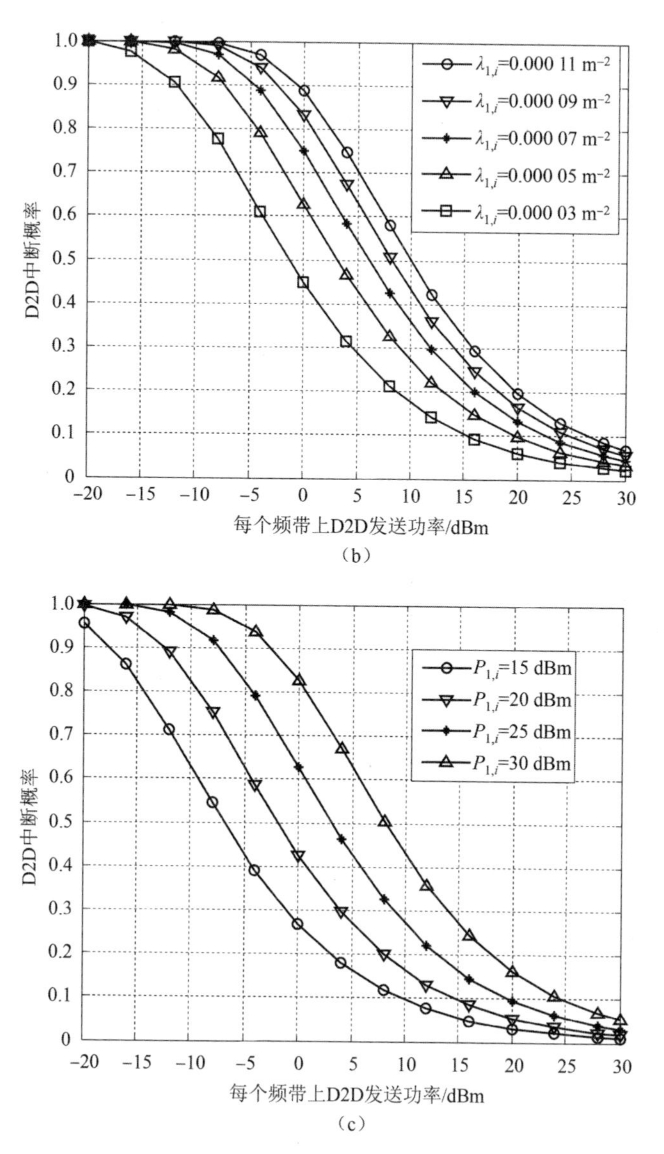

图 8－5－2　每个频带上 D2D 中断概率与 D2D 发送功率之间的关系（续）

（b）在不同的蜂窝用户密度下；（c）在不同的蜂窝发送功率下

图 8－5－3 中，给出了每个频带上 D2D 网络的系统容量与 D2D 用户密度之间的关系。首先，当 D2D 用户密度比较低时，D2D 网络的系统容量随着 D2D 用户密度的增加而增加，这是由于增加的 D2D 用户密度能够带来 D2D 系统性能的提升；其次，当 D2D 用户密度很高并且继续增加时，那么每对 D2D 用户之间的干扰变得很大，并且导致了 D2D 网络内部的有害干扰，

因此 D2D 网络的系统容量开始下降。此外，图 8－5－3（a）显示了更高的 D2D 发送功率能够增强 D2D 网络系统容量，这是因为高的 D2D 发送功率能够增强 D2D 系统的 SIR；图 8－5－3（b）说明了当蜂窝用户功率下降时，D2D 系统容量开始上升，这是因为蜂窝系统对 D2D 网络系统的干扰变小了；从图 8－5－3（c）中能够看出，随着蜂窝用户密度的提升，D2D 网络的系统容量减小了，这是由于来自蜂窝系统的有害干扰增大了。

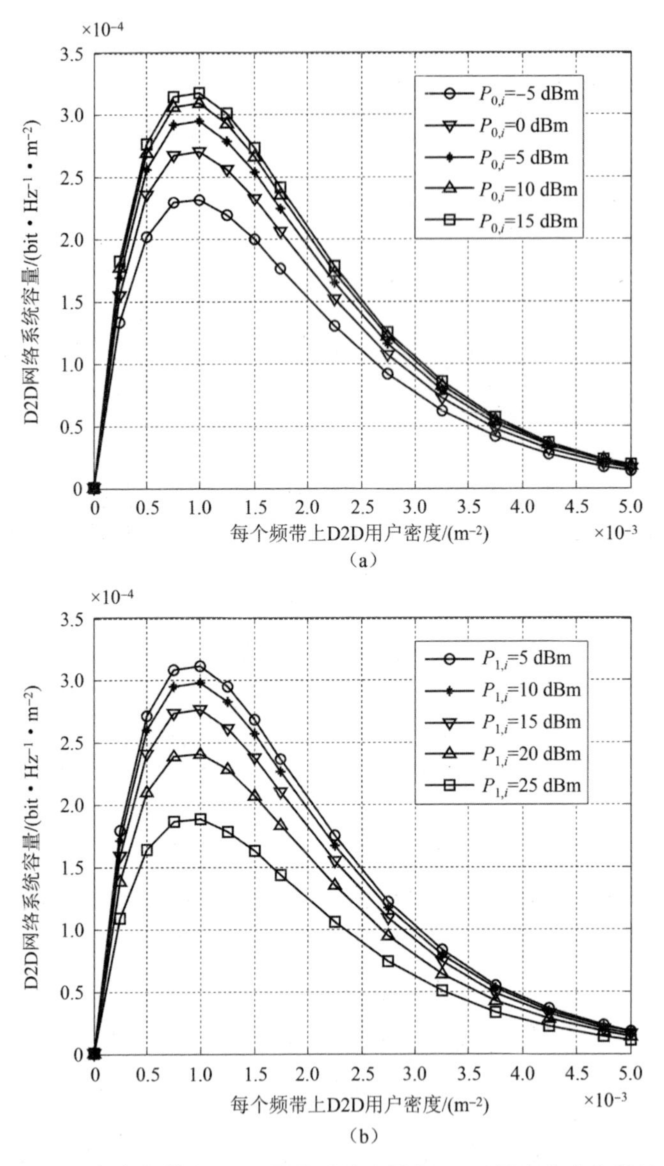

图 8－5－3　每个频带上 D2D 网络系统容量与 D2D 用户密度之间的关系

（a）在不同的 D2D 发送功率下；（b）在不同的蜂窝发送功率下

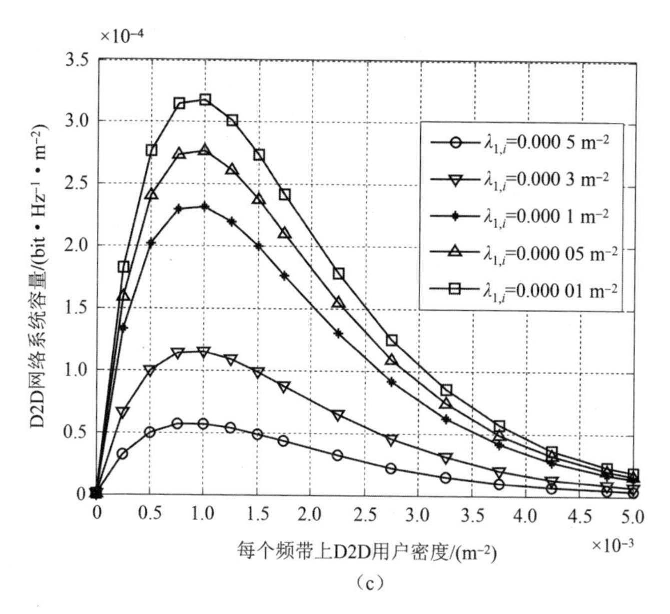

(c)

图8-5-3 每个频带上D2D网络系统容量与D2D用户密度之间的关系（续）

(c) 在不同的蜂窝用户密度下

在图8-5-4中，可以看到每个频带上D2D网络的系统容量与D2D功率之间的关系。从图中可以看出D2D网络系统容量随着D2D发送功率的增大而增大，这是由于高的D2D发送功率能够提升D2D通信的SIR。此外，

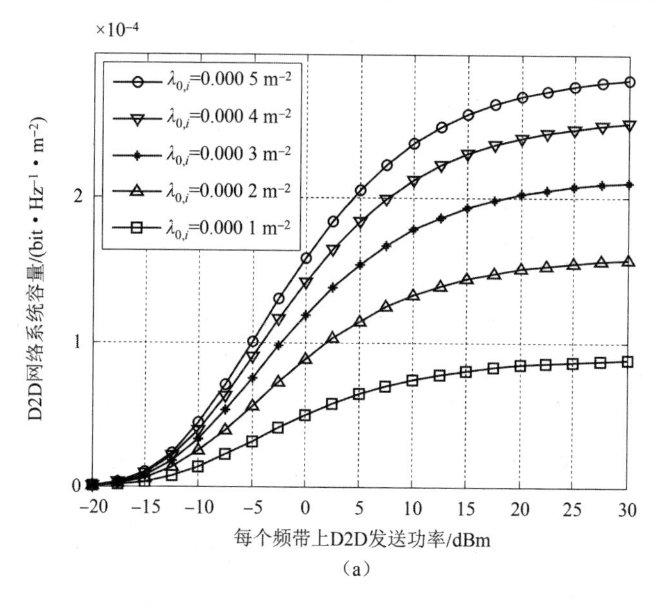

(a)

图8-5-4 每个频带上D2D网络系统容量与D2D发送功率之间的关系

(a) 在不同的D2D用户密度下

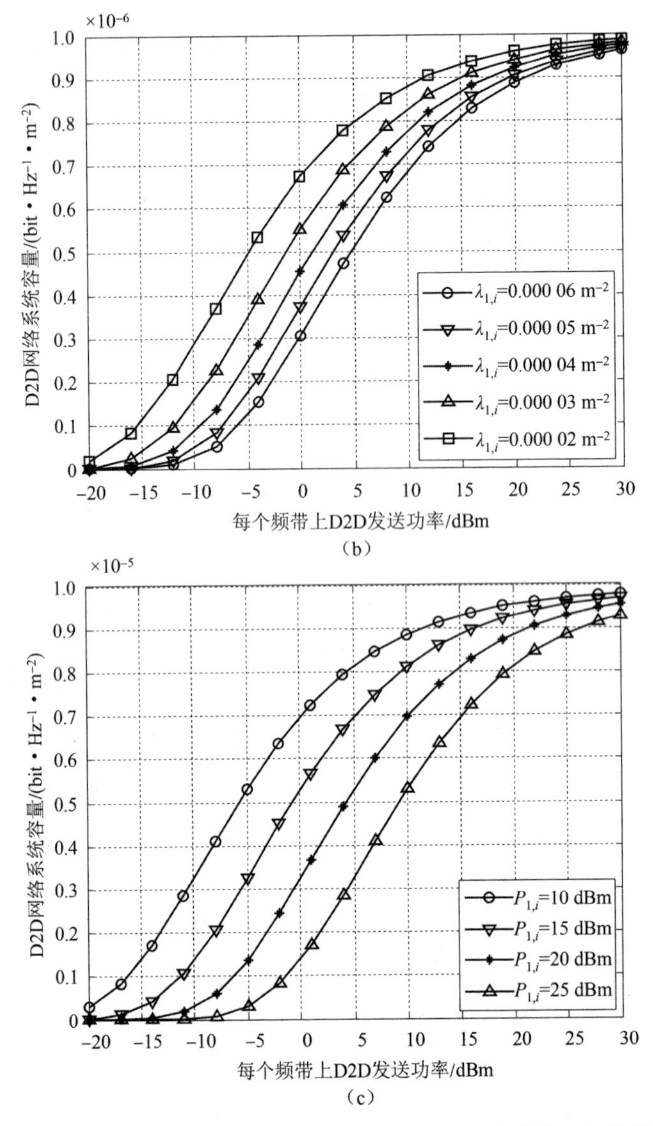

图 8－5－4　每个频带上 D2D 网络系统容量与 D2D 发送功率之间的关系（续）

（b）在不同的蜂窝用户密度下；（c）在不同的蜂窝发送功率下

图 8－5－4（a）揭示了高的 D2D 用户密度导致高的 D2D 网络系统容量，并且当 D2D 发送功率很高时，曲线趋于稳定值，这是因为 D2D 用户之间的干扰是不能够通过提升 D2D 发送功率被完全消除的；图 8－5－4（b）显示了在带有较低蜂窝用户密度的环境下，D2D 网络系统承受来自蜂窝系统的干扰较低，因此 D2D 网络的系统容量值比较高；从图 8－5－4（c）中可以看出，随着蜂窝传输功率的增大，D2D 网络的系统容量在下降，这是由蜂窝系统增长的干扰所致的。

8.5.2　单个频带上的 D2D 用户密度和 D2D 功率的边界值

图 8－5－5 给出了基于式（8－4－45）和式（8－4－46）的 D2D 用户密度范围，该范围是在 0 基准线以上的阴影部分。黑色的椭圆代表了在不同情况下 D2D 用户密度能够达到的最大值。此外，从图 8－5－5（a）中，可以很清楚地知道，一方面，D2D 能够在蜂窝用户发送功率较低时也采用较低的功率发送信号，这是由于此时蜂窝系统的干扰比较小；另一方面，当蜂窝用户发送功率比较高时，蜂窝系统能够承受较大的干扰，那么在 D2D 发送功率范围比较高时，D2D 用户密度同样可以取到一个较大的值。在图 8－5－5（b）中，因为即使系统中含有更多的蜂窝用户，蜂窝通信也不能够发生掉话现象，因此在高的蜂窝用户密度之下，D2D 用户密度的界限可以看到被压缩。

图 8－5－6 给出了每个频带上的 D2D 发送功率上界，黑色的圆圈示出了 D2D 发送功率上界和 D2D 发送功率下界的交点。那么当 D2D 用户密度超过了该点时，D2D 用户将不能够在此频带上进行信号发送，这样做是为了保护蜂窝通信。此外，当 D2D 功率超过了 30 dBm 以后也不进行考虑，这主要是因为在实际情况下，手持移动设备功率已经达到了一个比较高的值。从图 8－5－6（a）中可以看出，带有更大蜂窝功率的边界曲线比低蜂窝功率的边界曲线要高，这是由于蜂窝系统能够承受更多来自 D2D 用户的干扰，而 D2D

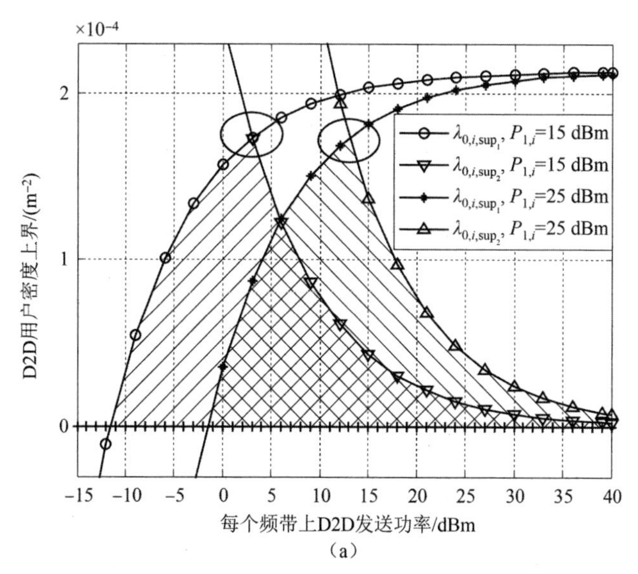

（a）

图 8－5－5　每个频带上 D2D 发送功率与 D2D 用户密度上界之间的关系

（a）在不同的蜂窝用户发送功率下

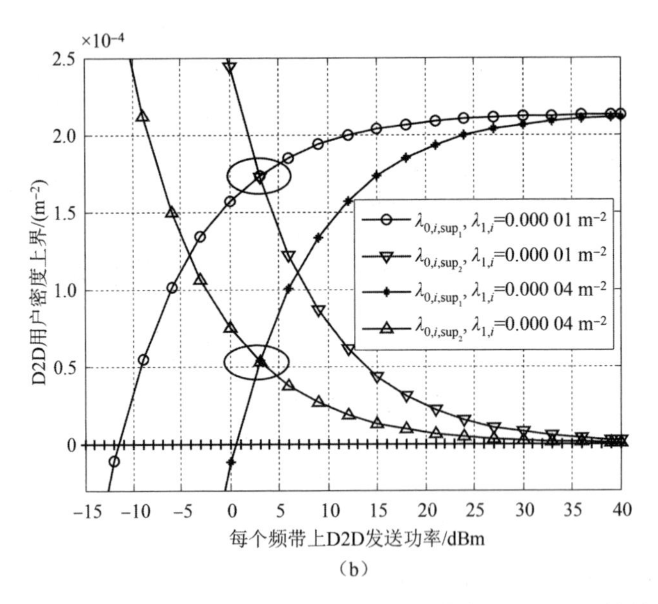

（b）

图 8-5-5　每个频带上 D2D 发送功率与 D2D 用户密度上界之间的关系（续）

（b）在不同的蜂窝用户密度下

用户需要以高的发送功率来抵抗来自蜂窝网络的干扰。图 8-5-6（b）揭示了当蜂窝用户密度变得比较高时，D2D 发送功率值在低蜂窝用户密度下变得更小，这是因为 D2D 用户应该使用一个较小的发送功率来确保蜂窝通信传输的可靠性。

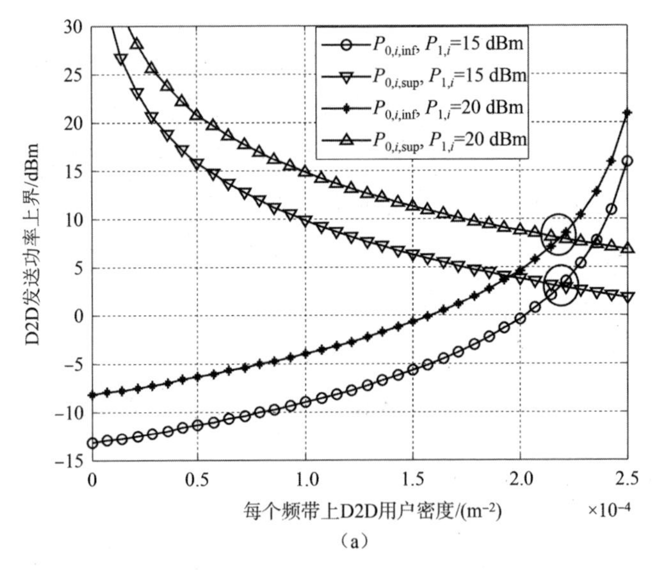

（a）

图 8-5-6　每个频带上 D2D 用户密度与 D2D 发送功率上界之间的关系

（a）在不同的蜂窝发送功率下

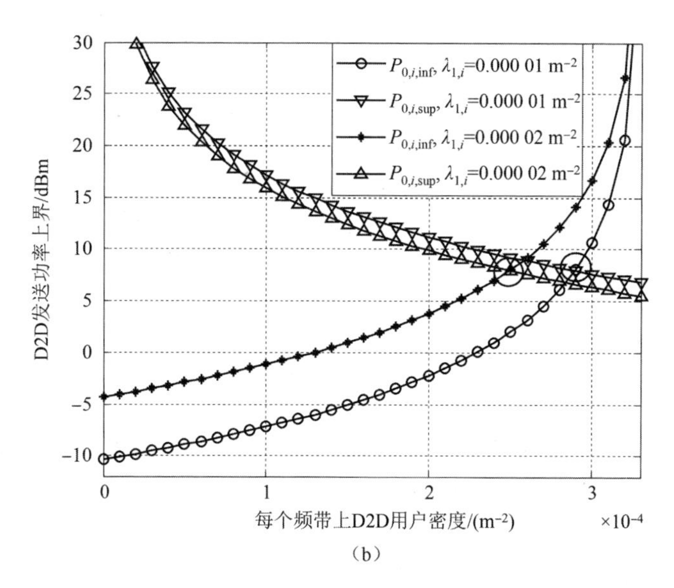

(b)

图 8-5-6　每个频带上 D2D 用户密度与 D2D 发送功率上界之间的关系（续）

(b) 在不同的蜂窝用户密度下

8.5.3　多频带 D2D 系统容量仿真分析

接下来将会讨论多频带上蜂窝与 D2D 混合网络的仿真结果，在这里整个系统频带被划分出具有不同带宽的五个频带，系统仿真关键参数如表 8-5-2 和表 8-5-3 所示。

表 8-5-2　多频带混合网络相关配置系数

参数	值				
带宽/MHz	10	10	20	10	10
蜂窝功率/dBm	10	10	10	10	20
蜂窝密度/ $(10^{-5}\cdot m^{-2})$	10	10	10	5	10
蜂窝平均链路距离/m	50	70	50	50	50

表 8-5-3　多频带仿真基本系数

D2D 传输功率	每个频带上≤20 dBm
D2D 用户密度	每个频带上 $\leqslant 3\times10^{-3}$ m^{-2}
D2D 平均传输距离	15 m
路损系数	4
最大中断概率	0.1
SIR 阈值	0 dB

图 8-5-7 分别给出了五个频带上优化的 D2D 网络系统容量，其中黑色的柱状条表示不带有总的 D2D 用户密度约束情况下的优化的 D2D 容量值，而白色表示添加了总的 D2D 用户密度约束后的容量值。从图中可以看出，当加入了总的 D2D 用户密度约束以后，优化的 D2D 网络系统容量有一定程度的下降。此外，对比频带 1 和频带 2 可知，当延长蜂窝链路距离时，由于蜂窝通信不能够承受来自 D2D 网络系统的较大干扰，因此 D2D 网络系统容量降低；而对比频带 1 和频带 3 两种情况，由于系统带宽的扩大，更多的 D2D 用户能够复用蜂窝系统资源，因此优化的 D2D 网络系统容量得到了提升；而从频带 4 可知，由于 D2D 是重用蜂窝用户频谱，蜂窝用户密度的下降导致能够复用的蜂窝资源的减少，因此优化的 D2D 网络系统容量下降；最后对比频带 1 和频带 5 的情况，可以看出，当增大蜂窝用户发送功率以后，优化的 D2D 网络系统容量得到提升，这是由于蜂窝用户 SINR 得到了提高，从而导致蜂窝通信能够忍受更多的干扰，因此可以允许更多的 D2D 用户复用系统资源。

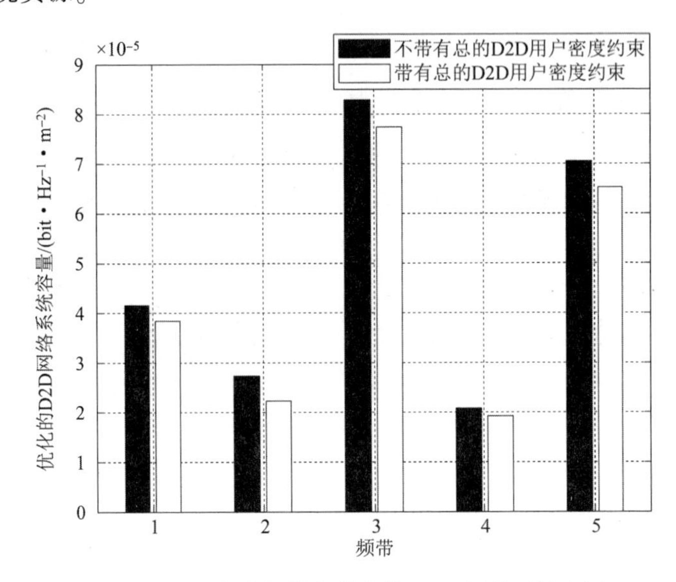

图 8-5-7　每个频带上优化的 D2D 网络系统容量

图 8-5-8 显示了每个频带上优化的 D2D 用户密度。从图中可以看到，在频带 2 和频带 4 上，由于蜂窝平均链路距离和用户密度的约束，优化的 D2D 用户密度有所下降；而频带 3 由于带宽比较宽，因此允许更多的 D2D 用户复用蜂窝频段；在频带 5 上，由于蜂窝用户发送功率比较高，能够容忍更多的 D2D 通信造成的干扰，因此该频带上优化的 D2D 用户密度能取到一

个较高的值。最后，通过比较带有总的 D2D 用户密度约束和不带有总的 D2D 用户密度约束两种情况，可以看出，当引入 D2D 用户密度约束时，最优的 D2D 用户密度受到了抑制。

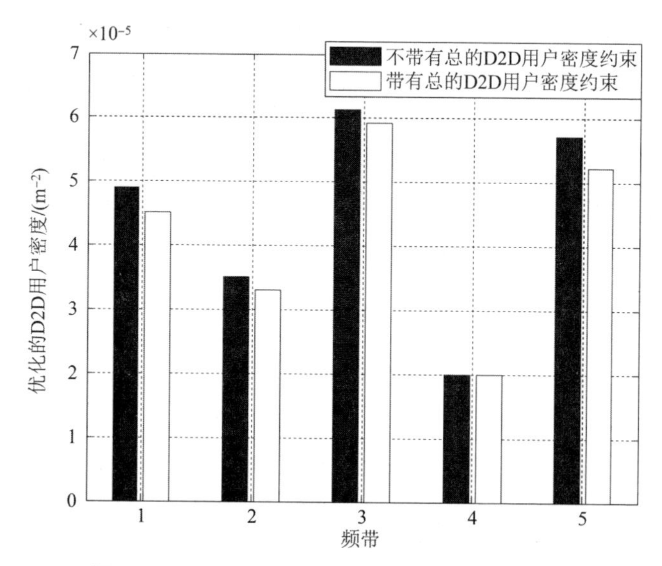

图 8－5－8　每个频带上优化的 D2D 用户密度

图 8－5－9 则给出了每个频带上优化的 D2D 发送功率。从图中可以看到，当蜂窝用户距离基站较远时，D2D 的发送功率有所降低，这是由于不能够造成对蜂窝的较大干扰所致的。从频带 3 上可以看出，扩大带宽可以使 D2D 能够复用更多资源进行通信，因此发送功率提升；而频带 4 上蜂窝密度较低，因此对于系统的约束比较大，所以使 D2D 不能够以较高的功率发送；在频带 5 上，由于蜂窝用户的发送功率较高，能够承受较大的干扰，因此 D2D 也可以以较高的功率进行发送。

图 8－5－10 中算法 1 和算法 2 分别表示不带有和带有总的密度与功率约束的算法，而算法 3 和算法 4 分别表示基于排序的算法和剔除算法，在基于排序的算法中，D2D 用户将会根据干扰的大小接入蜂窝系统中，也即 D2D 用户中产生最小干扰的用户将会最先接入系统中，其他 D2D 用户则根据干扰顺序接入频谱中，直到蜂窝系统不能够承受任何干扰为止。在剔除算法中，首先系统进行 D2D 功率控制操作，接着不能够满足 D2D 中断概率的 D2D 链路将会被算法逐一剔除，功率控制和剔除过程将会反复执行，直到系统中的 D2D 用户能够确保蜂窝通信的正常进行。图 8－5－10 显示了即使带有总的 D2D 用户密度和发送功率约束，所提出的算法性能仍然优于其他两种算法，这是由于所提的算法不仅考虑了功率控制的优化，同时考虑了用户

在网络中的分布。系统中所有的 D2D 用户能够选择一个更加合适的基站用来进行蜂窝频谱重用。图 8－5－10 也显示了系统中去掉最后 5% 部分的 D2D 用户的容量之和，从仿真结果能够看到，剔除算法下降得比较厉害，这意味着实际上系统容量的增益主要来自系统中那些具有较高通信质量的 D2D 用户，而考虑到系统中一个更合理的用户密度，所提出的算法在整个网络中也具有更好的公平性。

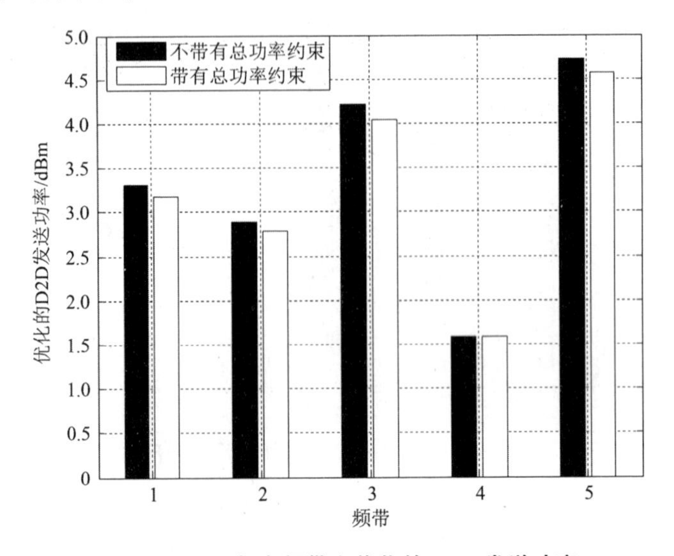

图 8－5－9　每个频带上优化的 D2D 发送功率

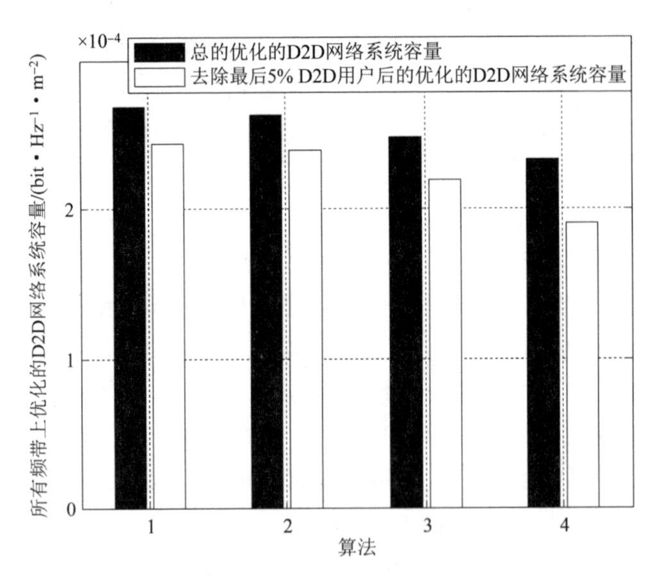

图 8－5－10　每种算法中所有频带上优化的 D2D 网络系统容量

8.6　本章小结

本章主要考虑了蜂窝与 D2D 混合网络中用户资源分配、功率控制等手段对整个网络性能的影响，力求在系统中找到一种合理的方式，使系统的性能最优化。

本章研究了多频带蜂窝与 D2D 混合网络中的 D2D 用户资源分配和功率控制问题，系统首先基于随机几何进行建模，随后得到了系统中断概率和 D2D 网络系统容量表达式；接着在蜂窝与 D2D 中断概率的约束下，本章推导出 D2D 用户密度与发送功率的闭式解，因此为了使 D2D 网络性能达到最优，本章提出了一种优化迭代算法，用于求得最优的 D2D 用户密度和发送功率；最后从系统仿真中能够看到，每个频带上 D2D 通信中断概率、D2D 网络的系统容量、D2D 用户密度以及发送功率都受到来自蜂窝通信和系统干扰的限制，并且当总的 D2D 用户密度与发送功率约束加入以后，多频带优化值有所下降。最后，将仿真结果同基于排序和剔除的算法进行比对，验证了所提出算法的优越性。

第9章

基于强化学习的D2D通信资源分配与功率控制

9.1 引　言

D2D通信被认为是支持未来无处不在的移动应用的关键技术。D2D通信在改善交通安全性、交通效率和移动服务质量方面发挥了重要作用。D2D和用户到基础设施的蜂窝通信作为蜂窝通信中两种重要的模式被用来支持各种用户应用。在未来道路上，许多交通相关的应用都需要通过高容量的蜂窝通信访问服务器或互联网。在动态且密集的交通环境下，D2D通信需要一个无线网络，在这个网络中用户之间互相传送消息。然而，作为一个智能的交通系统，我们通常需要用户之间近距离地有效感知合作。这对底层通信系统提出了重要挑战，因为D2D通信有着严格服务质量（QoS）要求，要求用户必须在时间延迟限制下，可靠地传输信息。例如，第三代伙伴关系相关标准指出，在保证最大端到端时间延迟为5 ms的情况下，传输1 600字节数据包的可靠性应达到为99.999%。利用两个D2D用户（DUE）之间的直接连接，以共享频谱的方式，可以显著提高传输速率、道路服务质量等。然而，DUE的频谱共享和高动态特性造成了严重的干扰，给网络的低时延需求带来了巨大挑战，严重制约了D2D通信性能的提高。

本章考虑了D2D通信中的频谱共享和功率控制方案。蜂窝D2D通信网络一般需要支持网络中的娱乐应用和高级行驶应用。首先娱乐应用需要高速带宽用于蜂窝发射机发射信号到基站，然后转到互联网，比如短视频。同时，高级服务要求彼此交流用户的速度、位置等信息，因此这种D2D通信需要较高的可靠性，以此来保障用户对当前环境的有效感知。为了充分利用频谱资源，我们提出蜂窝用户（CUE）与DUE将共享频谱，当然这种共享需要有计划地进行，并且发射机的传输功率也需要进行管理。我们对通信模型做出了合适的简化，所有的CUE都会以正交的方式被分配资源。所以，

DUE的频谱资源优化需要设计合理的共享模式，合理的共享模式才能满足DUE和CUE的各种应用需求。如上述所言，这种共享在提供方便的同时也使网络中的干扰管理变得复杂。

此前已经有大量的工作利用传统的优化方法来解决这种D2D通信共享资源的问题，但最终会发现在以下两个方面始终存在难以完善的问题。一方面，现如今人们对用户应用的各种服务需求量越来越大，那么就需要提出新的D2D通信服务，例如高可靠性和高速率的D2D通信；另一方面，在用户网络中，因为用户是移动的，从而导致信道信息快速变化，这给资源分配方案的制定带了困难。信道信息不准确会使D2D通信优化方案性能降低。因为以上方面带来的难题，即使我们建立了完整的数学模型，也难说能找到具有最优解的解决方案。值得关注的是，强化学习已经得到广泛应用来解决这类不确定性下的优化问题。例如，近年来的AlphaGO、电子游戏中强化学习所体现出的优越性引起了人们利用强化学习来解决D2D通信优化问题的兴趣，并取得了明显成效。强化学习提供了一种稳健的方法来处理D2D通信环境，还可以在对未来预测不确定的条件下执行策略，并延伸选择策略之后的影响。这为解决我们高动态性、大规模的D2D通信问题提供了一种颇具应用前景的途径。除此之外，在强化学习中，为了解决难以寻找最优解的问题，我们可以利用与终极目标相关的公式作为奖励机制的一部分。智能体可以摸索出一个合理的决策来接近目标最优值。特别地，强化学习还拥有另一个方面的优势，在传统的方法中，集中式算法是非常经典的，而强化学习为分布式方法提供了条件，利用用户与环境的自主交互，自己学习并不断改进决策，因此强化学习给予了D2D通信问题新的解决途径。

为了优化学习效果，本章采用了基于DDQN的方法，结合功率控制和资源分配，同时最大化CUE和DUE的通量。基于深度强化学习，该方案被建模为马尔可夫决策过程，并设计了两个深度神经网络来优化学习效果，一个作为决策选择网络，另一个作为评估网络。本章的主要内容如下：

（1）将每一个D2D对视为一个智能体，整个网络多智能体可以根据邻居信息自适应地选择资源和传输功率。

（2）在DDQN算法的训练过程中，改进了随机采样过程，提出了基于优先级采样的DDQN（PS-DDQN）分布式算法。

（3）分别讨论了没有时间延迟约束和有时间延迟约束的联合资源分配与功率控制问题。

（4）仿真结果表明，与现有的DQN方法相比，PS-DDQN可以达到更高的用户通量，更有效地解决D2D通信功率控制和资源分配问题。通过分析智能体选择不同功率的概率随剩余传输时间变化的关系，证明了深度强化学习方法可以有效地学习到关于时间延迟约束的隐含关系。

9.2　无时延约束下的D2D通信系统模型

9.2.1　D2D通信场景

如图9－2－1所示，我们假设该区域都在一个基站的信号覆盖下。一个智能体表示一个D2D对，在该智能体之外的全部作为环境。图中实线体现用户的信号连接，虚线体现对其余链路的干扰。用户网络包含 M 个CUE以及 K 个DUE，分别记为 $m=\{1,2,3,\cdots,M\}$ 和 $k=\{1,2,3,\cdots,K\}$。将频谱资源划分为 F 个子带，表示为 $f=\{1,2,3,\cdots,F\}$，CUE将共享这些频谱子带资源。为了提高频谱利用率，并考虑到基站的位置是固定的而不是高机动性的，假设DUE将共享CUE正交分配的上行频谱。我们假设第 f 个频谱子带被分配给第 k 个DUE，并使用指标函数 $\varphi_k[m]\in\{0,1\}$，表示DUE的分配决策，具体地说，如果第 m 个CUE使用第 f 个频谱子带，那么 $\varphi_k[m]=1$，否则为0。

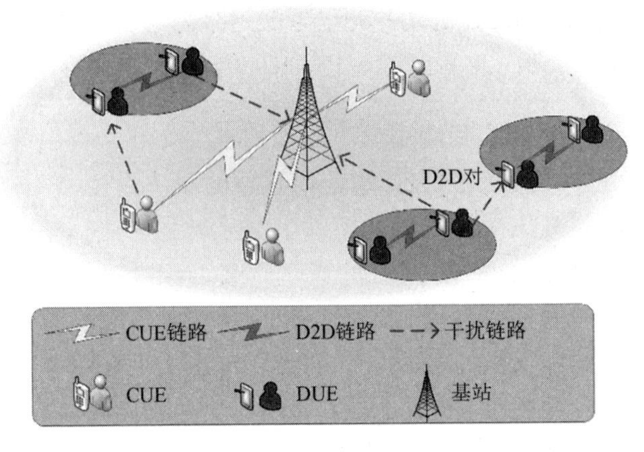

图9－2－1　场景图

m^{th}CUE的信噪比公式如下：

$$\gamma^c[m]=\frac{P_m^c h_m}{\sum_{k\in K}\varphi_k[m]P_k^v\hat{h}_k+\sigma^2} \tag{9-2-1}$$

式中，P_m^c 表示 m^{th}CUE的发射功率；h_m 表示 m^{th}CUE相关功率的增益；P_k^v 表示第 k 个DUE的发射功率；$\hat{h}_k$ 是第 k 个DUE的干扰功率增益；$\varphi_k[m]$ 是为

频谱分配的指示符，当第 k 个 DUE 复用了 m^{th}CUE 的频谱，$\varphi_k[m]=1$，否则 $\varphi_k[m]=0$；σ^2 表示噪声。在得到 CUE 信噪比的基础上，我们进一步得到 m^{th}CUE 的通量：

$$R^c[m]=W\cdot\lg_2(1+\gamma^c[m])\tag{9-2-2}$$

式（9-2-2）中的 W 即为带宽。

同样地，k^{th} DUE 的信噪比公式如下：

$$\gamma^v[k]=\frac{P_k^v h_k}{G_c+G_d+\sigma^2}\tag{9-2-3}$$

式中，

$$G_c=\sum_{m\in M}\varphi_k[m]P_m^c\hat{h}_{m,k}\tag{9-2-4}$$

以及

$$G_d=\sum_{m\in M}\sum_{\substack{k'\in K\\k\neq k'}}\varphi_k[m]\varphi_{k'}[m]P_{k'}^v\hat{h}_{k',k}\tag{9-2-5}$$

式中，G_c表示该 DUE 与 CUE 共享频谱从而引入的干扰功率，当 $\varphi_k[m]=1$ 时，代表第 m 个 CUE 对该 DUE 产生干扰；同样地，G_d表示与其他 DUE 共享频谱引入的干扰功率，当 $\varphi_k[m]$ 和 $\varphi_{k'}[m]$ 都等于 1 时，分别表示这个频谱被第 m 个 CUE，第 k 个、第 k'个 DUE 多方同时共享；σ^2同样表示噪声干扰；h_k 表示第 k 个 DUE 的功率增益；$\hat{h}_{m,k}$即为第 m 个 CUE 的干扰功率增益；相似地，$\hat{h}_{k',k}$是第 k'个 DUE 的干扰功率增益。

在得到 DUE 信噪比的基础上，进一步得到 DUE 的通量：

$$R^v[k]=W\cdot\lg_2(1+\gamma^v[k])\tag{9-2-6}$$

式中，W 表示带宽。

9.2.2　无时间延迟约束下的 CUE 和 DUE 的需求

网络中存在各种具有不同要求的用户应用，比如，CUE 承担交通应用或娱乐需求的带宽。因此，将 CUE 的要求定义为保证舒适体验的最小通量要求。此外，D2D 通信会存在中断可能，中断概率如果过高会使通信质量非常差，而 D2D 通信都是实时发送交通信息，对通信质量有着严格要求。这些相关要求的数学表达式如下所示。

（1）CUE 和 DUE 通量要求：我们知道 D2D 的用户网络对链路有着严格的质量可靠的要求，在满足约束的情况下，要尽可能地提高 CUE、DUE 的通量，其需求分别为

$$R^c[m]\geqslant R'_{\min},R^v[k]\geqslant R''_{\min}\tag{9-2-7}$$

式中，$R'_{\min}$和$R''_{\min}$是网络的最小通量要求，分别对应CUE和DUE。简单起见，我们假设所有CUE以及所有DUE的要求是相同的。

（2）中断概率要求：我们将中断概率表示为可靠性度量。具有中断阈值γ_0和可容忍的中断概率P_0，D2D通信的可靠性要求表示为

$$P\{\gamma^v[k]\leqslant\gamma_0\}\leqslant p_0 \tag{9-2-8}$$

式中，$\gamma^v[k]$表示DUE的信噪比，在瑞利衰落下，可靠性要求式（9-2-8）可以转化为

$$\gamma^v[k]\leqslant\gamma_e=\frac{\gamma_0}{\ln\left(\frac{1}{1-p_0}\right)} \tag{9-2-9}$$

式中，γ_e是有效中断阈值，我们再次假设所有DUE可容忍的中断概率是相同的。

在我们的场景模型中，因为DUE的信息不被基站所了解，所以CUE的频谱资源分配和DUE的频谱资源分配是彼此独立的。在CUE资源分配方案已经确定的前提下，我们的目标是尽量提高CUE和DUE的通量。作为分布式的无线资源管理（RRM）场景模型，每个用户需要通过观察邻居用户的情况来选择自己的动作，邻居用户的数目作为局部信息可以根据情况调整。

9.2.3 无时间延迟约束下的问题公式化

我们的整体目标是找到最优的频谱子带选择和传输功率以保证用户通量要求，并最大限度地提高CUE和DUE的通量，优化问题表示为

$$\begin{gathered}\max_{\varphi,p}\sum_{m\in M}R^c[m],\max_{\varphi,p}\sum_{k\in K}R^v[k]\\ C1-C2\text{：式（9-2-7）、式（9-2-9）}\\ C3:\varphi_k[m]\in\{0,1\},\forall k\in K,\forall m\in M\\ C4\text{：}P_k^v\leqslant P_{\max},\quad\forall k\in K\end{gathered} \tag{9-2-10}$$

式中，$P_{\max}$表示DUE的最大发射功率。优化目的是最大限度地提高CUE和DUE的通量。前两个约束$C1-C2$是CUE和DUE的通量要求。第三个约束$C3$显示每个用户可以被分配给一个频谱子带，并且一个频谱子带可以被多个DUE共享，而第四个约束$C4$表示要满足每个DUE的发射功率不能超过其最大值。

我们的公式化问题不是一个线性规划问题，很难直接解决。原因如下，首先，资源分配指示符φ_k都是二进制的值，这将产生组合问题。另外，对于CUE和DUE，优化对象和约束$C1-C2$是非凸的，因此原始问题具有数值

局部最优解。蜂窝 D2D 通信的传统工作主要集中于集中化方法，但是全局信息的获取和较大的计算复杂性将它们的可扩展性限制于动态大规模用户网络中。因此，需要智能的分散式方法来应对这些挑战。

接下来我们将定义一些数据结构。CUE 与 DUE 共享频谱子带，CUE 的信道信息 $H_t[f]$，对于 $f \in F$，表示了发射机到基站的功率增益，$G_t[f]$，对于 $f \in F$，表示了 DUE 的瞬时信道信息（对于 V2I 而言，此为干扰）。$I_{t-1}[f]$，对于 $f \in F$，表示前一时刻各子信道的干扰功率。$N_{t-1}[f]$，对于 $f \in F$，表示前一时刻用户邻居（局部）的频谱子带选择。此外我们还需要其他条件信息，L_t 为用户的剩余负载。

9.2.4　小　　结

首先我们给出了 D2D 通信场景的信道模型，分别就关于 CUE 和 DUE 的干扰来源做了分析，最终得到了各系统用户的通量表达。其次，研究了在无时延约束下的问题需求描述，从用户通量和 D2D 通信可靠性需求的角度给出了相应式子来公式化问题，并解释了这些公式带来的难点，以及我们解决这些难点的方法。

9.3　无时延约束下的 D2D 资源分配和功控的深度强化学习框架

9.3.1　Q - learning 算法

状态 - 行为函数（Q 函数），它将代表智能体执行该动作后，智能体直到最终状态所累积的奖励。为了计算最优的 Q - 函数，人们提出过动态规划、蒙特卡洛采样法、Q - learning 方法等。在现实环境中，转移概率和回报往往是未知的，因此我们将关注 Q - learning 等基于无模型的算法。

在这个场景中，我们视每个 D2D 对为智能体，除了该 D2D 对之外的内容都视为环境。在环境中，这是一个分散的关系，另一个 D2D 不能控制其他 D2D，所以每个智能体是基于整体的环境条件被控制的。

训练时在每一步，一个智能体（一个 D2D 对）根据策略在状态下执行某一行为，并转移到新状态，然后依照公式更新上一状态的 Q 值，重复上述步骤直到处于终止状态。在 Q - learning 的探索过程中我们通常通过贪婪策略来决定动作，在我们的场景中我们可以直接选择多个动作中使 Q 值最大的动作，而动作则是基于智能体对子频带和传输功率的选择。至于 Q 值函数，

在 Q - learning 中会有一张 Q 表，它包含了某一状态执行某一动作后的 Q 值，假设有3个动作（a_1，a_2，a_3），那么对于一个特定状态 s 而言，将会出现三个 Q 值 $Q(s, a_1)$，$Q(s, a_2)$，$Q(s, a_3)$。根据三个 Q 值利用策略选出动作，假设选出 a_1，然后该状态 s 将会转移到新状态 s'，同样地，s'也有三个 Q 值，一般直接选出其中的最大值 $\max(s', a)$ 作为目标，从而更新 s 的 Q 值。当然，s 通过选择 a_1 转移到 s'会得到一个来自环境的奖励 r，在我们的场景模型中奖励是由 CUE 通量和 DUE 通量决定的，有关奖励的部分将在随后提到。

9.3.2 用于 D2D 通信的深度强化学习

对于 D2D 通信环境的状态集和，将用到上一节定义的数据结构。每个智能体观察到的环境状态由五部分组成：CUE 的瞬时信道信息 $H_t=\{H_t[1], H_t[2],\cdots,H_t[F]\}$，DUE 的瞬时信道信息 $G_t=\{G_t[1],G_t[2],\cdots,G_t[F]\}$，邻居用户在上一时刻的子信道选择 $N_{t-1}=\{N_{t-1}[1],N_{t-1}[2],\cdots,N_{t-1}[F]\}$，前一时刻各子信道的干扰功率 $I_{t-1}=\{I_{t-1}[1],I_{t-1}[2],\cdots,I_{t-1}[F]\}$，DUE 传输的剩余负载 L_t。所以，状态集合如下：

$$S_t=\{H_t,G_t,N_{t-1},I_{t-1},L_t\} \tag{9-3-1}$$

多智能体 由于算法是分布式的，每个 D2D 对被视为一个智能体。在我们的系统中会有多个智能体。在训练过程中，智能体会不断与环境交互，然后基于反馈更新神经网络的权值。

动作 智能体在状态 s 中选择一个动作，这个动作包括选择用于传输的频谱子带和传输功率，其中传输功率分为三个级别，所以动作尺度空间为 $3\times F$，动作空间由频谱子带资源和传输功率组成，将其定义为：$\{\text{sub-band}_1, \cdots, \text{sub-band}_F, \text{power}_1, \text{power}_2, \text{power}_3\}$。

奖励 涉及奖励 r，首先我们的目标是智能体的动作将会有利于提高 CUE 和 DUE 的通量。正如上节提到的，奖励函数要和我们的目标一致，所以奖励函数由两个部分组成，分别是 CUE 的通量、DUE 的通量。CUE 和 DUE 通量相加可以直接体现我们的目标并看出信道的干扰情况。奖励函数如下：

$$r_t=\rho_c\sum_{m\in M}R^c[m]+\rho_d\sum_{k\in K}R^v[k] \tag{9-3-2}$$

提高折扣因子可以实现回报最大化，而且不仅要考虑当前奖励，还要考虑未来奖励，因为很多时候未来奖励也会决定良好的结果。我们可以定义公式：

$$R_t = r_t + r_{t+1} + \cdots + r_{t+n} \tag{9-3-3}$$

加入折扣因子，公式化为

$$R_t = \sum_{n=0}^{\square} \alpha^n r_{t+n} \tag{9-3-4}$$

作为最终回报，但每个时间点的回报的重要性并不完全相同，折扣因子的值位于0～1。靠近0 的折扣因子意味着对当前奖励我们愈加关注；反之越靠近1，说明当前奖励重要性越低；当折扣因子为 1 时，奖励函数可能会无穷大，因此折扣因子一般不会等于 1。

每次智能体在状态 s 选取动作，动作包括选择用于传输的子信道和传输功率，这里传输功率被分为三个等级，因此动作空间的尺度是 $3 \times F$。需要注意的是，智能体与环境交互时，在选择执行何种动作时，需执行 ε 贪婪策略。可以以概率 ε 探索新动作，也可以以概率 $1-\varepsilon$ 选取具有最大值的动作。而在更新 Q 值时，并不需要执行 ε 贪婪策略，只是简单地选择具有最大值的行为。

Q - learning 可用于取得累积折现回报奖励最大化的策略，给定状态的 Q 值，可以选择动作以累积奖励；Q 值被用来衡量某一状态下的动作质量，在已知状态 Q 值的情况下，可以很容易地选出动作：

$$a_t = \arg\max_{a \in A} Q(s_t, a) \tag{9-3-5}$$

Q 值的更新公式：

$$Q_{\text{new}}(s_t, a_t) = Q_{\text{old}}(s_t, a_t) + \lambda \{ r_t + \beta \max_{a' \in A} Q(s_{t+1}, a') - Q_{\text{old}}(s_t, a_t) \} \tag{9-3-6}$$

我们直接选取下一状态的最大 Q 值和奖励作为目标值，α 是学习率，每一次学习都向目标值靠近。

对于我们的资源分配和功率控制方案而言，找到最优的 Q 值函数，选择用户发射机的频带和发射功率，自然就能最大限度地提高 CUE 和 DUE 通量，利用奖励也能保证用户的通量约束。

之前我们了解到对于有限个状态以及有限个动作的环境，并对所有可能的状态 - 动作对进行了穷举搜索来寻找最优 Q 值。考虑一个具有许多状态并且每个状态下有多个动作的环境，比如 D2D 资源分配场景模型，那么遍历每个状态下的动作将会花费大量时间。我们常常使用 Q - learning 于小尺度、高离散状态空间和动作空间，为了适应大尺度的动态环境，将 DNN 和强化学习结合起来成为 DQN，利用 DNN 的非线性逼近能力建立 Q 表，将 Q 表的更新转化为网络权值的更新。网络参数可以近似 Q 函数，即 $Q(s, a, \theta) \approx$

$Q'(s,a)$。我们回看 Q - learning 的公式，$r+\alpha \max Q(s',a)$ 是目标值，$Q(s,a)$ 是预测值，目的是通过学习一种正确的策略来最小化两者的差。同理，在 DQN 中定义损失函数为目标和预测值的均方差：

$$\text{loss} = \sum_{(s_t,a_t)\in D} (y - Q(s_t,a_t,\theta))^2 \tag{9-3-7}$$

式中，$y = r_t + \max_{a\in A} Q(s_{t+1},a,\theta)$。

通过梯度下降来更新权重并最小化损失，简而言之，在 DQN 中是通过神经网络作为函数逼近器来逼近 Q 函数的。

但 DQN 的问题在于经常会过高地估计 Q 值，这是因为在学习过程中采用了最大值算子，最大值算子对选择动作和估计动作均采用相同的方式，这意味着在估计状态 s 所有动作的 Q 值时，估计的 Q 值将会因具有一些噪声而与实际值不同。由于噪声的影响，动作 a_1 可能会比最佳动作 a_2 的 Q 值更高。这时如果选择最大 Q 值的动作，那么将会采取次优动作 a_1，而不是真正的最佳动作 a_2。针对这个问题，我们通过设置两个独立的神经网络，并且两个函数独立学习来解决。每次更新，一个函数用来选择一种行为，而另一个函数用来评估该行为。具体来说，用来选择动作的网络，经输入后会选择最大的 Q 值，并返回对应 Q 值的动作 a'。用来评估的网络经输入后直接选择动作 a' 对应的 Q 值作为目标值，注意，这个 Q 值在评估网络的所有输出 Q 值中不一定是最大的。在 DDQN 中目标 y 的公式如下：

$$y^{\text{DDQN}} = r_t + Q(s_{t+1}, \arg\max_{a\in A} Q(s_{t+1},a,\theta),\theta') \tag{9-3-8}$$

我们将选择和评估耦合，这样就可以避免过度估计问题。当然，选择网络和评估网络的角色可以互换，另一套参数也能更新。

9.3.3 基于优先级采样的 DDQN 分布式算法

我们将利用 DDQN 算法来解决我们的资源分配和功率控制问题，与多数机器学习方法一样，首先要训练网络。我们实现了一个环境模拟器，训练数据来源于模拟器与智能体的交互。初始化场景，每个用户的起始位置都是随机生成的，同时包括用户方向、CUE、DUE、各链路信道。每个用户会计算其他用户与自己的距离关系，选择离自己最近的三个用户作为邻居（局部信息）。深度 Q 网络将结合经验回放采样，在环境中智能体通过某一动作 a_t 实现从一个状态 s_t 转移到另一个状态 s_{t+1}，并获得奖励 r_t。将这个转移信息（s_t，a_t，r_t，s_{t+1}）保存在一个称为经验回放的缓冲区里。这些信息就是智能体的经验。

经验回放的思想是利用过去的转移信息来训练 DQN，而不是利用最后一次的转移信息。智能体的经验是相互关联的，从回放缓存中随机选取一批样本可以减少智能体的经验的相关性，但是这种方式缺乏对更具价值的样本的关注。

对于经验回放部分，我们对传统的经验回放进行改进，引入了优先级，称之为随机优先经验回放。我们将对优先级较高的转移信息给予较大的采样概率，为了合理地定义优先级，我们选择时间差分误差，因为它表明了估计 Q 值与实际 Q 值之差，因此具有较大时间差分误差的转移信息是需要关注并学习的。定义优先级：

$$p_i = (\delta_i + \varepsilon)^{\alpha} \tag{9-3-9}$$

式中，p_i 是转移信息的优先级；δ_i 是转移信息 i 的时间差分误差；ε 是某一正常数，可以保证每个转移信息的优先级都是大于 0 的。指数 α 表示所用优先级的程度，可见时间差分误差越大优先级越高。将优先级转换成概率：

$$P_i = \frac{p_i}{\sum_k p_k} \tag{9-3-10}$$

产生优先级排名：

$$p_i = \left(\frac{1}{\mathrm{rank}(i)}\right)^{\alpha} \tag{9-3-11}$$

$\mathrm{rank}(i)$ 指定了转移信息在回放缓存里的位置。采样时我们并不是直接选取排名最高的转移信息，要引入随机因素。有一种方法可以按优先级排序，优先级越高其排名序号越靠近 0，利用期望为 0 的高斯分布随机数生成器，该生成器有很大的概率会给出接近 0 的数字，当排名序号远离 0 时被选取的机会更小。

如算法 1 所示，利用采样一小批数据更新 Q 网络权值；随着网络的更新逐步改进，如算法 2 所示，在测试阶段，根据训练好的 Q 网络给出最大 Q 值来选择智能体的动作。图 9-3-1 展示了 PS-DDQN 算法的工作流程。

在资源分配过程中，如果不同的智能体独立做出选择，一旦相互邻近的智能体同时选择相同的频谱子带，其干扰将会非常高。然而，当智能体在观察邻居的行为时，就会发现使用相同的频谱子带会导致降低奖励，为了获得更多的奖励就会避免这种选择。

算法1：基于优先级采样的 DDQN 分布式算法训练过程（无时延约束）

输入：
环境模拟器，DDQN 神经网络结构。
1：开始：
初始化模型生成用户、CUE、DUE（用户位置利用泊松分布随机生成）；
随机初始化作为 Q 函数的深度神经网络。
循环：
2：**for** epoch $e=1, 2, 3, \cdots, E$
3：生成状态 S_1。
4：**for** step $t=1, 2, 3, \cdots, T$
5：在系统中选择 D2D 对。对于智能体，基于策略选择动作 a_t（传输功率和频谱资源）。
6：环境生成奖励r_t（无时延约束）和下一状态s_{t+1}。
7：收集经验（s_t，a_t，r_t，s_{t+1}）并存放在经验池中。
8：**if** $t=0 \bmod K$
9：**for** $i=1, 2, 3, \cdots, I$
10：计算时间差分误差δ_i，
11：利用时间差分误差给经验排序$p_i \leftarrow \delta_i$。
12：**end for**
13：利用高斯随机数生成器得到随机数，然后进行采样。
14：选择序号相对应的经验去训练神经网络 θ。
15：**end if**
16：**end for**
17：**end for**

输出：训练好的神经网络模型

算法2：无时延约束下的算法测试过程

输入：
环境模拟器，训练好的神经网络模型。
1：开始：
加载已训练的神经网络；
初始化模型生成用户、CUE、DUE（用户位置利用泊松分布随机生成）。

循环：
2：**for** step $t=1$，2，3，…，T 3：　　选择系统中的用户。 4：　　基于最大 Q 值选择动作a_t。 5：　　基于智能体动作更新环境。 6：　　收集经验（s_t，a_t，r_t，s_{t+1}）并存放在经验池中。 7：**end for** 8：记录结果评估值、CUE 通量、DUE 通量
输出：实验结果值

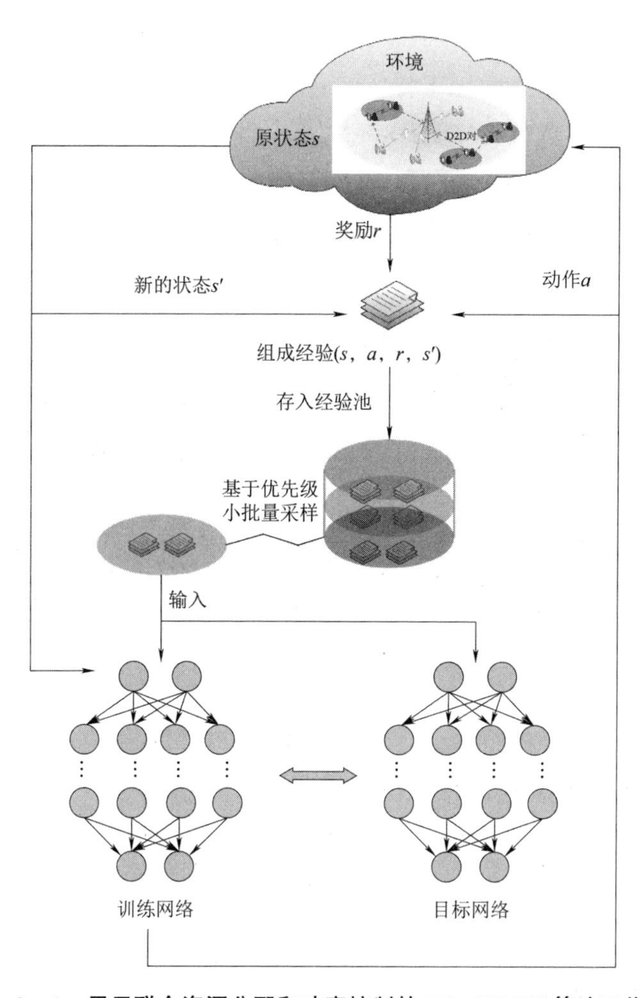

图 9－3－1　用于联合资源分配和功率控制的 PS－DDQN 算法工作流程

9.3.4 小　结

本节讨论了在无时延约束下的解决 D2D 通信资源分配和功率控制问题的深度强化学习框架，从强化学习到 Q - learning 再至结合了 DNN 的 DQN、DDQN，最后到 PS - DDQN 框架，一步步深入地研究了各方法的利弊之处。结合我们的 D2D 通信场景最后给出了模型的训练、测试算法。

9.4 时延约束下的 D2D 系统模型

在整个 D2D 通信场景上，有时延约束和无时延约束的场景是相同的，都是 DUE 复用 CUE 的频谱，从而引入了干扰，我们需要合理分配资源以及灵活地控制传输功率来减少干扰，同时满足 D2D 通信时延约束。在有时延约束的情况下，其系统中的需求也会产生一些变化，从而使问题转换成不同的优化公式。

9.4.1 在时间延迟约束下的 CUE 和 DUE 的需求

网络中存在各种具有不同要求的用户应用。比如，CUE 承担移动应用或娱乐需求的带宽。因此，将 CUE 的要求定义为保证舒适体验的最小吞吐量要求。同时，D2D 通信应该实时分发有关安全的关键消息，例如协作意识消息。这种任何分配的失败都会威胁到道路安全。因此，传递这些安全关键消息的 D2D 通信的 QoS 要求是时间延迟和可靠性要求。这些相关要求的数学表达式如下所示：

(1) CUE 和 DUE 吞吐量要求：我们知道，D2D 的 D2D 用户网络对链路有着严格的质量可靠要求，在满足约束的情况下，要尽可能地提高 CUE、DUE 的吞吐量。其需求分别为

$$R^{c}[m] \geqslant R_{\min}^{c},\ R^{v}[k] \geqslant R_{\min}^{v} \tag{9-4-1}$$

式中，$R_{\min}^{c}$和 $R_{\min}^{v}$是网络的最小吞吐量要求，分别对应 CUE 和 DUE。简单起见，我们假设所有 CUE 及所有 DUE 的要求是相同的。

(2) 时延和可靠性要求：这里有两种需求，我们先看时延需求。我们会预先设置一个最大可容忍时间延迟 $T_{\max}$，D2D 的延迟需求可以写成

$$R^{v}[k] \geqslant \frac{M_k}{T_{\max}} \tag{9-4-2}$$

式中，M_k是发送的消息大小。

另一方面，我们将中断概率表示为可靠性度量。具有中断阈值γ_1和可容

忍的中断概率P_1，D2D 通信的可靠性要求表示为

$$P\{\gamma^v[k]\leqslant\gamma_1\}\leqslant P_1 \tag{9-4-3}$$

式中，$\gamma^v[k]$ 表示 DUE 的信噪比，在瑞利衰落下，式（9-4-3）可以转化为

$$\gamma^v[k]\leqslant\gamma_e=\frac{\gamma_1}{\ln\left(\frac{1}{1-P_1}\right)} \tag{9-4-4}$$

式中，γ_e 是有效中断阈值，我们再次假设所有 DUE 可容忍的中断概率是相同的。

当数据传输时间要超过延迟时间时会直接转换成失败的连接，而我们希望成功次数增加，这将作为强化学习的奖励机制的一部分。与有着可靠性要求的 D2D 通信相比，传统的蜂窝通信对于时间延迟不是特别严格，为了达到容量最大化的资源分配方案，传统的资源分配设想仍然是合理的。同样地，在下面提到的方法中，CUE 的吞吐量也将作为强化学习的奖励机制的一部分。

同样地，在我们的有时延的场景模型中，由于 DUE 的信息不被基站所了解，所以 CUE 的频谱资源分配和 DUE 的频谱资源分配是彼此独立的。在 CUE 资源分配方案已经确定的前提下，我们的目标是保证 D2D 通信不超过时间延迟，并且尽量提高 CUE 和 DUE 吞吐量。作为分布式的 RRM 场景模型，每个用户需要通过观察邻居 D2D 用户的情况来选择自己的动作，这样可以避免因过近距离的频谱复用导致的干扰问题，邻居 D2D 用户的数目作为局部信息可以根据情况调整。

9.4.2　在时间延迟约束下的问题公式化

我们的整体目标是找到最优的频谱子带选择和传输功率以保证 D2D 通信时延要求，并最大限度地提高 CUE 和 DUE 的吞吐量，优化问题表示为

$$\max_{\varphi,p}\sum_{m\in M}R^c[m],\ \max_{\varphi,p}\sum_{k\in K}R^v[k]$$

$$C1-C3\text{：式（9-4-1）、式（9-4-2）} \tag{9-4-5}$$

$$C4:\varphi_k[m]\in\{0,1\},\forall k\in K,\forall m\in M \tag{9-4-6}$$

$$C5\text{：}P_k^v\leqslant P_{\max},\ \forall k\in K$$

式中，$P_{\max}$表示 DUE 的最大发射功率。优化目标是在满足 D2D 时间延迟的情况下，最大程度地提高 CUE 和 DUE 的吞吐量。前三个约束 $C1-C3$ 是 CUE 和 DUE 的吞吐量要求以及 D2D 通信的时间延迟和可靠性要求。第四个

约束 $C4$ 显示每一个 CUE 或者 DUE 可以被分配一个频谱子带，并且一个频谱子带可以被多个 DUE 共享。第五个约束 $C5$ 表示要满足每个 DUE 的发射机功率不能超过额定最大值。

同样地，提出的公式化问题很难直接解决。原因如下，首先，指示符函数 φ_k 都是二进制的值，这将导致组合问题。另外，对于用户而言，优化对象和约束 $C1-C3$ 是非凸化问题，因此原始问题往往只能求得局部最优解。以前 D2D 通信的传统工作主要集中于集中化方法，但是全局信息的获取及传输和较大的计算复杂性严重限制了它们的可扩展性。因此，在动态大规模移动网络中需要智能的分布式方法来应对这些挑战。

接下来我们将定义一些数据结构。CUE 与 DUE 共享频谱子带，CUE 的信道信息 $H_t[f]$，对于 $f \in F$，表示了 D2D 发射机到基站的功率增益；$G_t[f]$，对于 $f \in F$，表示了 DUE 的瞬时信道信息；$I_{t-1}[f]$，对于 $f \in F$，表示前一时刻各子信道的干扰功率；$N_{t-1}[f]$，对于 $f \in F$，表示前一时刻 D2D 用户邻居（局部）的频谱子带选择；T_t 为在不违反时间延迟约束下的数据传输时间；L_t 为 D2D 用户的剩余负载。

9.4.3 小　结

本节研究了在有时延约束下的问题需求描述，从用户通量和 D2D 通信时延及可靠性需求的角度给出了相应式子来公式化问题，并解释了这些公式带来的难点，以及我们解决这些难点的方法。

9.5 时延约束下的 D2D 资源分配和功控的深度强化学习框架

9.5.1 用于 D2D 通信的深度强化学习

在存在 D2D 时延的情况下，在我们的系统中每个 D2D 对仍被视为智能体。在每个时间 t，D2D 用户观察到一个状态 s_t，并据此采取行动，基于策略 π 的消息选择子带和传输功率。采取行动后，状态的环境转移到新状态 s_{t+1}，并且智能体收到由 CUE 的通量和 DUE 通量以及相应的延迟约束决定的奖励 r_t。

对于 D2D 通信环境的状态集和，将用到上一章定义的数据结构。每个智能体观察到的环境状态由六部分组成：CUE 的信道信息，例如 D2D 发射机到基站的信道信息 $H_t=\{H_t[1],H_t[2],\cdots,H_t[F]\}$，DUE 的瞬时信道信息

$G_t=\{G_t[1],G_t[2],\cdots,G_t[F]\}$，邻居 D2D 用户在上一时刻的子信道选择 $N_{t-1}=\{N_{t-1}[1],N_{t-1}[2],\cdots,N_{t-1}[F]\}$，前一时刻各子信道的干扰功率 $I_{t-1}=\{I_{t-1}[1],I_{t-1}[2],\cdots,I_{t-1}[F]\}$，满足时间延迟约束的传输时间 T_t，DUE 传输的剩余负载 L_t。我们在后面内容会展示智能体是可以从状态集合中利用到有用的信息来学习策略的。所以，状态集合如下：

$$S_t=\{H_t,G_t,N_{t-1},I_{t-1},T_t,L_t\} \tag{9-5-1}$$

多智能体　我们将每个 D2D 对视为一个智能体，在我们的系统中会有多个 D2D 对代表的多智能体。在训练过程中，每个智能体会不断与环境交互，然后系统基于反馈更新神经网络的权值。

动作　智能体在状态 s 下选择一个动作，这个动作包括选择用于传输的频谱子带和发射机的传输功率，其中传输功率分为三个等级，所以动作尺度空间为 $3\times F$，动作空间由频谱子带资源和传输功率组成，将其定义为 $\{\text{sub-band}_1, \cdots, \text{sub-band}_F, \text{power}_1, \text{power}_2, \text{power}_3\}$。

奖励　奖励 r 与无时延约束情况类似，首先我们的目标是智能体的动作将会有利于提高 DUE 的通量，同时减少 DUE 对 CUE 的干扰，并满足 D2D 通信的时延要求。为了实现这一目标，D2D 用户选择的动作要对其他链路产生尽可能少的干扰，并满足严格的 D2D 时延要求。正如上节提到的，奖励函数要和我们的目标一致，所以奖励函数由三个部分组成，分别是 CUE 的通量、DUE 的通量和作为惩罚因子的时延约束。各用户通量相加可以直接体现我们的目标并看出信道的干扰情况，违反时延约束将减少奖励，奖励函数如下：

$$r_t=\rho_c\sum_{m\in M}R^c[m]+\rho_d\sum_{k\in K}R^v[k]-\rho_e T_t \tag{9-5-2}$$

我们定义最大可容忍延迟时间 $T_{\max}$，U_t 是表示满足延迟约束下的剩余时间，$(T_{\max}-U_t)$ 表示用于传输的时间 T_t，随着剩余时间的减小惩罚也会增加。

9.5.2　PS-DDQN 分布式算法

我们的强化学习方法可以获得最大的预期累计折扣奖励，给定状态的 Q 值，可以选择行动来累计奖励。有了已知 Q 值，我们可以轻松地选择动作。传统的强化学习适用于离散的、小尺度的状态空间。为了适应高动态大数量 D2D 用户的场景，利用 DNN 来逼近 Q-learning 的 Q 表，这就是经典的 DQN 方法。但 DQN 的问题是它经常高估 Q 值，因为在学习过程中一直使用最大值算子。最大值操作对选择和估计操作使用相同的值。针对这一问题，我们设计了两个独立的神经网络来学习特征，一个网络用于选择动作，另一个网络用来评估这个动作产生的影响。值得注意的是，评估网络中我们选择的 Q 值不一定就是最大值，而是对应于用于选择动作的网络所得出的动作。DQN 和 DDQN 区别主要在于目标值 y。

训练和测试过程分别如下。

算法 3：基于优先级采样的 DDQN 分布式算法训练过程（有时延约束）

输入：
　环境模拟器，DDQN 神经网络结构。
1：开始：
　初始化模型随机生成 D2D 用户位置、移动方向等，CUE，DUE；
　随机初始化 DDQN 深度神经网络。
循环：
2：**for** epoch $e=1, 2, 3, \cdots, E$
3：　生成状态S_1。
4：　**for** step $t=1, 2, 3, \cdots, T$
5：　　在系统中选择 D2D 对。对于智能体，基于策略选择动作a_t。
6：　　环境生成奖励r_t（有时延约束）和下一状态s_{t+1}。
7：　　收集经验（s_t，a_t，r_t，s_{t+1}）并存放在经验池中。
8：　　**if** $t=0 \bmod K$
9：　　　**for** $i=1, 2, 3, \cdots, I$
10：　　　　计算时间差分误差 δ_i
11：　　　　利用时间差分误差给经验排序 $p_i \leftarrow \delta_i$
12：　　　**end for**
13：　　　利用高斯随机数生成器得到随机数，然后进行采样。
14：　　　选择序号相对应的经验去训练神经网络 θ。
15：　　**end if**
16：　**end for**
17：**end for**

输出：训练好的神经网络模型

算法4：有时延约束下的算法测试过程
输入： 　　环境模拟器，训练好的神经网络模型。 1：　开始： 　　加载已训练的神经网络； 　　初始化模型随机生成D2D用户位置、移动方向等，得到CUE和DUE。 循环： 2：　**for** step $t=1, 2, 3, \cdots, T$ 3：　　　选择系统中的D2D用户。 4：　　　输入数据给训练好的神经网络，基于最大Q值选择动作a_t。 5：　　　基于智能体动作更新环境，得到下一状态。 6：　　　收集经验（s_t，a_t，r_t，s_{t+1}）并存放在经验池中。 7：　**end for** 8：　记录结果评估值、CUE通量、DUE通量、D2D通信成功率、智能体选择不同传输功率的概率随剩余传输时间变化产生的改变。
输出：实验结果值

9.5.3　小　　结

这一节我们研究了在时延约束下的用于解决D2D通信问题的深度强化学习框架，相比无时延约束，修改了状态集以及关键的奖励机制，使用我们的PS－DDQN框架来训练神经网络模型，最后给出了时延约束下对应的训练、测试算法。

9.6　仿真结果与分析

9.6.1　试验设计与结果

我们设计了一个载频为2 GHz的D2D通信网络，道路模型遵循网格路段模型设置，初始化时用户的位置按泊松分布随机放置在道路上，移动方向也随机，同时具有视线（LOS）和非视线（NLOS）状态，每个用户都将和离自己近的三个邻居用户进行通信。在此基础上，环境中的用户数量是D2D对数量的1/3。神经网络是五层的全连接神经网络，其中包括一个输入层，一个输出层，三个隐藏层，使用Relu激活函数。

学习率初始化为0.01并以指数递减，系统中的试验参数在表9－6－1中展示。

表9－6－1　系统试验参数

参数	值
噪声 σ^2	－114 dBm
奖励函数权值 ρ_c，ρ_d，ρ_e	0.1，0.9，1
最大可容忍传输时间 $T_{\max}$	100 ms
D2D传输功率	25 dBm，10 dBm，5 dBm
载频	2 GHz

将改进的算法与其他四种方法进行了比较。第一种方法是DQN，即评价网络和动作选择网络是同一网络。根据抽样方法的不同，DQN分为两类：优先级采样DQN（PS－DQN）和随机抽样DQN（RS－DQN）。在第二种方法中，智能体将以轮循（RR）的方式选择频谱子带。在RR方法中，我们还根据子信道的情况引入了优先级，称之为PRR。第三种方法采用随机资源分配方式，智能体将随机地选择频谱资源。特别是为了提高PRR和随机资源分配方式的性能，我们灵活设置了传输功率。我们将展示高性能情况下的PRR和随机资源分配方式的结果，分别称为HP－PRR和HP－random。

图9－6－1为无时延约束下的CUE通量与用户数量的关系。首先，可以看出随着用户数量的增加，网络中DUE的数量也在增加，从而DUE给CUE造成的干扰也在增加，所以CUE的通量在随用户数量增加而不断递减。其次，在深度强化学习方法中，DDQN由于克服了DQN总是过度估计 Q 值的弊端，展现出了比DQN更好的性能，特别地，引入了优先级的DDQN得到了更高的用户通量，原因在于其训练过程中学习到了更多占主导地位的特征。此外，与非强化学习方法相比，深度强化学习方法展现出了整体优越性，即使我们调整了PRR和随机资源分配方式中的传输功率，使其性能尽量提升，HP－PRR和HP－random得到的用户通量也比深度强化学习方法低。

图9－6－2展示了无时延约束下的DUE通量与用户数量的关系，该图可以和图9－6－1对比观察。首先，随着用户数量越来越多，DUE数量也在增加，所以必然导致DUE通量上升，因此DUE通量基本随着用户数量增加而增加。其次，随着用户数量增加，各方法之间的DUE通量差距在逐渐变大，这是因为用户数量越多，合理地分配资源就越重要，深度强化学习的先进性由此体现。

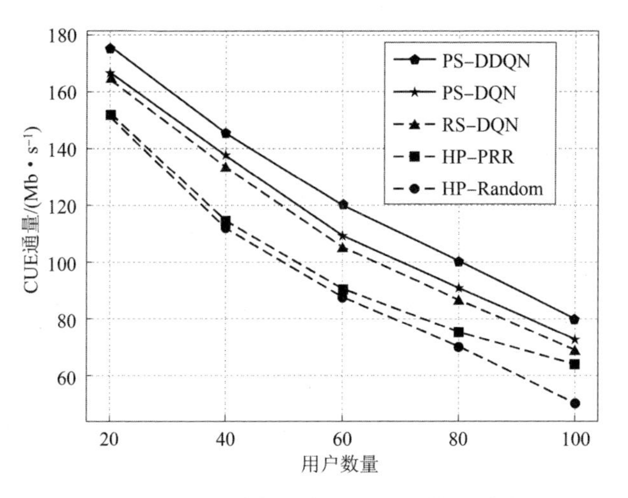

图9-6-1 无时延约束下的CUE通量与用户数量关系

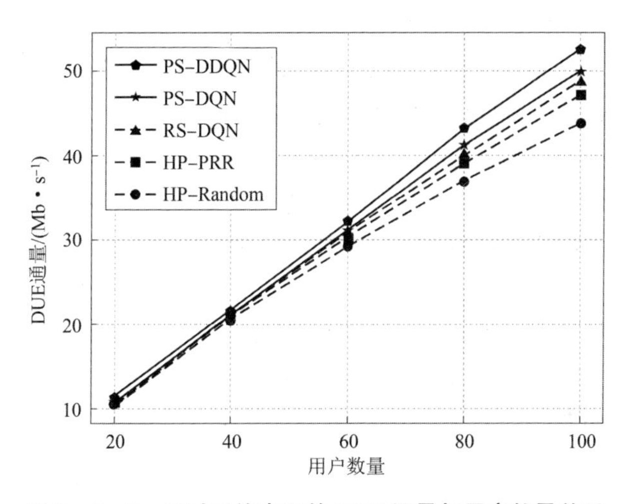

图9-6-2 无时延约束下的DUE通量与用户数量关系

图9-6-3是有时延约束下的CUE通量与用户数量的关系。首先可以看出，随着用户数量的递增，网络中DUE的数量也在递增，所以CUE受到的干扰也在增加，所以CUE的通量在随用户数量增加而不断减少。此外，由于在有时延约束下智能体会根据时间做出反应，系统给予智能体充分的时间进行策略优化。对于无时延约束情况，神经网络没有学习到有关时间的特征，网络没有得到充分的训练，导致DUE选择传输功率的方式缺乏对传输时间的针对性，这样增大了用户之间的碰撞以及网络内部的干扰。所以，在有时延约束时的CUE通量高于无时延约束的情况。同样地，深度强化学习方法的性能普遍优于非强化学习方法。

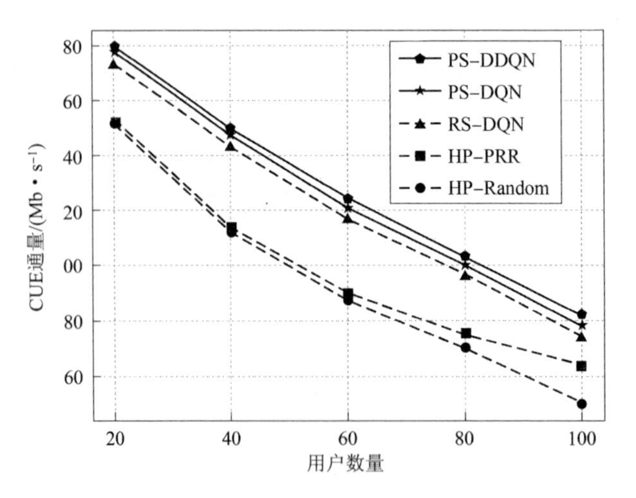

图 9-6-3 有时延约束下的 CUE 通量与用户数量关系

图 9-6-4 展示了有时延约束下的 DUE 通量与用户数量的关系，该图可以和图 9-6-3 对比观察。首先，我们发现随着用户数量增加，DUE 通量也在增加，这是因为 DUE 的数量在变多。PS-DDQN 方法可以得到最高通量，其他强化学习方法性能也优于非强化学习方法。其次，由于我们考虑了时延的约束，奖励机制更加全面，智能体在选择传输功率和频谱子带时会本着尽量不违反时延约束的前提，所以 D2D 通信的成功率会比较高，从而导致 DUE 的通量会高于无时延约束的情况。可见，加入时延约束后对智能体选择传输功率的概率会产生影响，具体将在后文讨论。

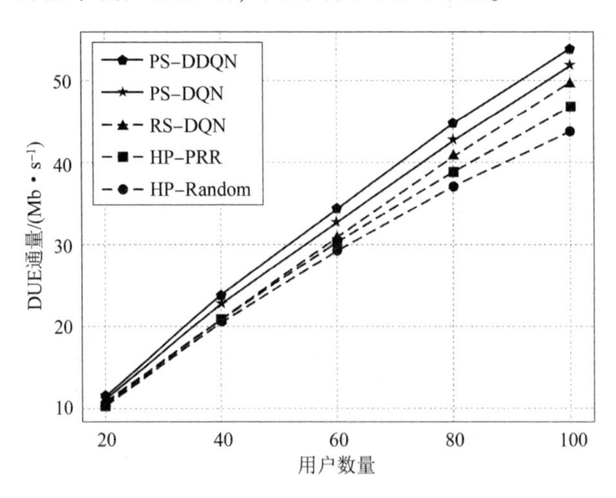

图 9-6-4 有时延约束下的 DUE 通量与用户数量关系

图9－6－5显示了有时延约束下的D2D通信成功率与用户数量的关系。由于用户数量的增加，DUE数量随之增加，各种链路之间的干扰都在加大，网络越来越难以保证满足D2D通信的时延需求，所以违反时延的链路数量会越来越多，链路成功率会随着用户数量增加而降低。由图可知，因为PS－DDQN方法可以自适应地调整资源并动态地选择传输功率，其D2D通信成功率将会更高，并且链路成功率的递减程度要小于其他方法。可见，在引入奖励函数时延约束后，系统的链路成功率有了显著提升。

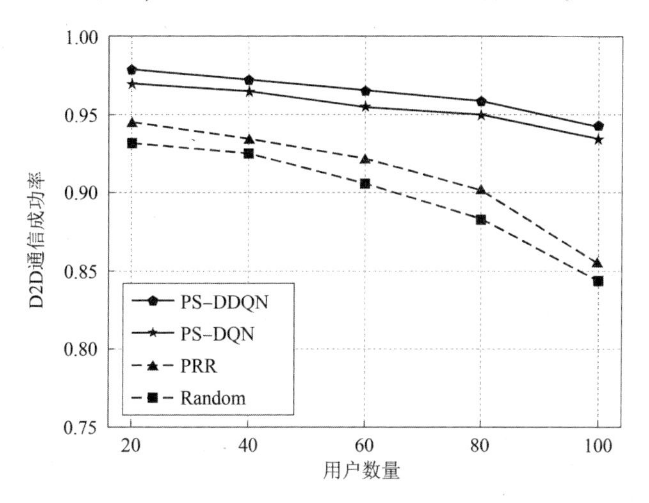

图9－6－5　有时延约束下的D2D通信成功率与用户数量的关系

图9－6－6为我们展示了在剩余传输时间不同的情况下，用户选择不同传输功率的概率。从一般情况来看，当剩余传输时间在增大的过程中，用户选择高功率的概率会逐渐减小，这是因为时间约束的压力在降低，所以用户选择低功率的概率在不断增加。当剩余传输时间比较少时，智能体往往会以高概率选择高功率传输信号用来保证满足D2D时间延迟约束。但是值得关注的是，当剩余传输时间很少时，比如剩余时间只有最大可容忍时间的10%时，智能体选择高功率的概率会快速下降20%左右，因为智能体了解到哪怕选择高的传输功率，仍然会大概率违反时间约束，又考虑到高功率会降低网络中用户的通量，为了获得更多的奖励会提高选择低功率的概率，以至于干扰减少。我们推测PS－DDQN是可以学习到关于时延的隐含关系的。

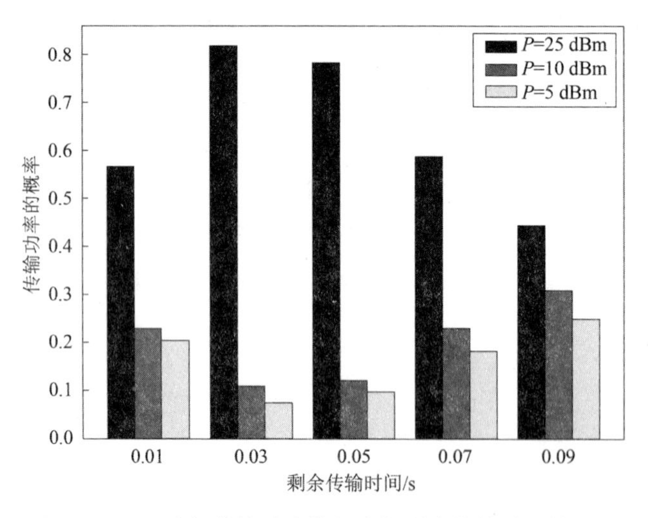

图 9-6-6 选择传输功率的概率与剩余传输时间的关系

9.6.2 仿真小结

本章是展示试验结果部分，我们从两种模型类型分别讨论了相关试验结果，分别是无时延约束和有时延约束的情况，然后具体又从三个方面展示了试验结果，分别是 CUE 和 DUE 的通量变化、D2D 通信的成功率变化和智能体选择传输功率的概率随剩余传输时间变化的趋势。从试验结果来看，强化学习方法可以得到更高的用户通量，体现出强化学习的有效性，特别地，智能体选择低功率的概率会随剩余传输时间而增加，这证明了强化学习方法可以学习到有关时延的隐含关系。

9.7 本章小结

我们分别研究了在无时延约束和有时延约束下 D2D 通信中的功率控制和资源分配问题，并应用无模型的 PS-DDQN 解决了这一问题。为了最大化 CUE 和 DUE 的通量，同时保证 D2D 通信的时延需求。我们建立了一个 MDP 模型来表示基于深度强化学习的解决方案，其中每个 D2D 对被视为一个智能体从而使环境中存在多智能体。具体地说，每个智能体可以根据局部信息独立地并自适应地选择功率和频谱资源。考虑到大量用户产生的大尺度状态空间，我们设计了基于 DDQN 的分布式算法来训练模型。特别地，为了便于神经网络提取更占主导地位的特征，我们在经验回放过程中改进了随机采样，引入了样本优先级，从而得到更高的用户通量。试验结果表明在不同用户数量的情况下，所提出的 PS - DDQN 分布式算法相对其他方法具有优越性。另一方面，智能体选择高功率的概率随剩余时间增加而减小，特别是当剩余时间非常短时，智能体选择高功率的概率会发生陡变，这证明了智能体成功地学习到了关于时延约束的隐藏关系。

参考文献

[1] Yazici V, Kozat U C, Sunay M O. A New Control Plane for 5G Network Architecture with a Case Study on Unified Handoff, Mobility, and Routing Management [J]. IEEE Communications Magazine, 2014, 52 (11): 76 - 85.

[2] Agyapong P K, Iwamura M, Staehle D, et al. Design Considerations for a 5G Network Architecture [J]. IEEE Communications Magazine, 2014, 52 (11): 65 - 75.

[3] Bangerter B, Talwar S, Arefi R, et al. Networks and Devices for the 5G Era [J]. IEEE Communications Magazine, 2014, 52 (2): 90 - 96.

[4] [瑞典] Erik Dahlman, Stefan Parkvall, Johan Skold. 4G 移动通信技术权威指南: LTE 与 LTE - Advanced [M]. 堵久辉, 缪庆育, 译. 北京: 人民邮电出版社, 2012.

[5] Astely D, Dahlman E, Furuskar A, et al. LTE: The Evolution of Mobile Broadband [J]. IEEE Communications Magazine, 2009, 47 (4): 44 - 51.

[6] Bai D, Park C, Lee J, et al. LTE - Advanced Modem Design: Challenges and Perspectives [J]. IEEE Communications Magazine, 2012, 50 (2): 178 - 186.

[7] Tehrani M N, Uysal M, Yanikomeroglu H. Device - to - device Communication in 5G Cellular Networks: Challenges, Solutions, and Future Directions [J]. IEEE Communications Magazine, 2014, 52 (5): 86 - 92.

[8] Fodor G, Dahlman E, Mildh G, et al. Design Aspects of Network Assisted Device - to - Device Communications [J]. IEEE Communications Magazine, 2012, 50 (3): 170 - 177.

[9] Feng D, Lu L, Wu Y, et al. Device - to - Device Communication Underlaying Cellular Communications System [J]. IEEE Transaction on Communications, 2013, 61 (8): 3541 - 3551.

[10] Qiao J, Shen X, Mark J W, et al. Enabling Device – to – device Communications in Millimeter – wave 5G Cellular Networks [J]. IEEE Communications Magazine, 2015, 53 (1): 209 – 215.

[11] Yang M J, Lim S Y, Park H J, et al. Solving the Data Overload: Device – to – device Bearer Control Architecture for Cellular Data Offloading [J]. IEEE Vehicular Technology Magazine, 2013, 8 (1): 31 – 39.

[12] Kwak Y, Ro S, Kim S, et al. Performance Evaluation of D2D Discovery with eNB Based Power Control in LTE – Advanced [C]. IEEE Vehicular Technolgoy Conference, (VTC – Fall 2014), Vancouver, Canada, 2014.

[13] Sartori P, Bagheri H, Desai V, et al. Design of a D2D Overlay for Next Generation LTE [C]. IEEE Vehicular Technolgoy Conference, (VTC – Fall 2014), Vancouver, Canada, 2014.

[14] Technical Specification Group SA 3rd Generation Partnership Project, 3GPP TR 22. 803, Feasibility Study for Proximity Services (ProSe) (Release 12), v1. 0. 0 [S]. 2012, available in http: // www. 3gpp. org.

[15] Lin X, Andrews J G, Ghosh A, et al. An Overview of 3GPP Device – to – device Proximity Services [J]. IEEE Communications Magazine, 2014, 52 (4): 40 – 48.

[16] Doumi T, Dolan M F, Tatesh S, et al. LTE for Public Safety Networks [J]. IEEE Communications Magazine, 2014, 51 (2): 106 – 112.

[17] Wang J, Zhu D, Zhao C et al. Resource Sharing of Underlaying Device – to – Device and Uplink Cellular Communications [J]. IEEE Commun. Letters, 2013, 17 (6): 1148 – 1151.

[18] Bruno R, Conti M, Gregori E. Mesh Networks: Commodity Multihop Ad Hoc Networks [J]. IEEE Communications Magazine, 2005, 43 (3): 123 – 131.

[19] Forde T K, Doyle L E, O'Mahony D. Ad Hoc Innovation: Distributed Decision Making in Ad Hoc Networks [J]. IEEE Communications Magazine, 2006, 44 (4): 131 – 137.

[20] da Silva L A, Midkiff S F, Park J S, et al. Network Mobility and Protocol Interoperability in Ad Hoc Networks [J]. IEEE Communications Magazine, 2004, 42 (11): 88 – 96.

[21] Conti M, Giordano S. Mobile Ad Hoc Networking: Milestones, Challenges, and New Research Directions [J]. IEEE Communications Magazine, 2014,

52 (1): 85 – 96.

[22] Simon Haykin. Cognitive Radio: Brain – empowered Wireless Communications [J]. IEEE Journal on Selected Areas in Communications, 2005, 23 (2): 201 – 220.

[23] Sengupta S, Subbalakshmi K P. Open Research Issues in Multi – hop Cognitive Radio Networks [J]. IEEE Communications Magazine, 2013, 51 (4): 168 – 176.

[24] Sherman M, Mody A N, Martinez R, et al. IEEE Standards Supporting Cognitive Radio and Networks, Dynamic Spectrum Access, and Coexistence [J]. IEEE Communications Magazine, 2008, 46 (7): 72 – 79.

[25] Newman T R, Hasan Shajedul S M, DePoy D, et al. Designing and Deploying a Building – wide Cognitive Radio Network Testbed [J]. IEEE Communications Magazine, 2010, 48 (9): 106 – 112.

[26] 刘子扬. 基于认知的蜂窝与 D2D 混合网络研究 [D]. 北京: 北京邮电大学, 2013.

[27] 王乐菲. 蜂窝与终端自组织混合网络的关键技术研究 [D]. 北京: 北京邮电大学, 2014.

[28] Yang Yang, Liu Ziyang, Min Boao, et al. Optimal User Density and Power Allocation for Device – to – Device Communication Underlaying Cellular Networks [J]. KSII Transactions on Internet and Information Systems, 2015, 9 (2): 483 – 503.

[29] Yu C, Doppler K, Ribeiro C, et al. Performance Impact of Fading Interference to Device – to – Device Communication Underlaying Cellular Networks [C]. 2009 IEEE Personal, Indoor and Mobile Radio Communications (PIMRC 2009), Tokyo, Japan, 2009: 858 – 862.

[30] Zou K J, Mao W, Yang K W, et al. Proximity Discovery for Device – to – Device Communication over a Cellular Network [J]. IEEE Communications Magazine, 2014, 52 (6): 98 – 107.

[31] Kae C W, Zhu H. Device – to – Device Discovery for Proximity – Based Service in LTE – Advanced System [J]. IEEE Journal on Selected Areas in Communications, 2014, 33 (1): 55 – 66.

[32] Huan T, Zhi D, Levy B C. Enabling D2D Communication through Neighbor Discovery in LTE Cellular Networks [J]. IEEE Transactions on Signal Processing, 2014, 62 (19): 5157 – 5170.

[33] Prasad A, Kunz A, Velev G, et al. Energy – efficient D2D Discovery for Proximity Service in 3GPP LTE – Advanced Networks: Prose [J]. Discovery Mechanisms, 2014, 9 (4): 40 – 50.

[34] Frlan E. Direct Communication Wireless Radio System [M]. United States Patent, 2000.

[35] Doppler K, Yu C, Ribeiro C B, et al. Mode Selection for Device – to – Device Communication underlaying an LTE – Advanced Network [C]. IEEE WCNC 2010, Apr, 2010.

[36] Liu Z, Peng T, Xiang S, et. al. Mode Selection for Device – to – Device (D2D) Communication under LTE – Advanced Networks [C]. IEEE International Conference on Communications (ICC 2012), Ottawa, Canada, 2012: 5563 – 5567.

[37] Peng T, Lu Q, Wang H, et al. Interference Avoidance Mechanisms in the Hybrid Cellular and Device – to – Device Systems [C]. 2009 IEEE Personal, Indoor and Mobile Radio Communications (PIMRC 2009), Tokyo, Japan, 2009: 617 – 621.

[38] Janis P, Yu C H, Doppler K, et al. Device – to – Device Communication Underlaying Cellular Communications Systems [J]. Int. J. Communications, Network and System Sciences, 2009, 3: 169 – 247.

[39] Akyildiz F I, Lee W, Vuran M C, et al. Next Generation/Dynamic Spectrum Access/Cognitive Radio Wireless Networks: A Survey [J]. Computer Networks, 2006, 50 (13).

[40] Mitliagkas I, Sidiropoulos N D, Swami A. Joint Power and Admission Control for Ad – Hoc and Cognitive Underlay Networks: Convex Approximation and Distributed Implementation [J]. IEEE Transaction on Wireless Communications, 2011, 10 (12): 4110 – 4121.

[41] Yu C, Tirkkonen O, Doppler K, et al. On the Performance of Device – to – Device underlay Communication with Simple Power Control [C]. IEEE 69th Vehicular Technology Conference, (VTC – Spring 2009), Barcelona, Spain, 2009.

[42] Reider N. Fodor G. A Distributed Power Control and Mode Selection Algorithm for D2D Communications [J]. EURASIP Journal on Wireless Communications and Networking, 2012.

[43] Liu P, Hu C, Peng T, et al. Admission and Power Control for Device – to –

Device Links with Quality of Service Protection in Spectrum Sharing Hybrid Network [C]. 2012 IEEE Personal, Indoor and Mobile Radio Communications (PIMRC 2012), Sydney, Australia, 2012: 1192 - 1197.

[44] Wang L, Peng T, Yang Y, et al. Interference Constrained D2D Communication with Relay Underlaying Cellular Networks [C]. 2013 IEEE 78th Vehicular Technology Conference (VTC - Fall 2013), Las Vegas, USA, 2013.

[45] Hasan M, Hossain E, Dong K I. Resource Allocation under Channel Uncertainties for Relay - Aided Device - to - Device Communication Underlaying LTE - A Cellular Networks [J]. IEEE Transaction on Wireless Communications, 2014, 13 (4): 2322 - 2338.

[46] Fan L, Lei X, Duong T Q, et al. Multiuser Cognitive Relay Networks: Joint Impact of Direct and Relay Communications [J]. IEEE Transaction on Wireless Communications, 2014, 13 (9): 5043 - 5055.

[47] Wu X, Xie L. A Unified Relay Framework With Both D - F and C - F Relay Nodes [J]. IEEE Transactions on Information Theory, 2013, 60 (1): 586 - 604.

[48] Eghbali H, Muhaidat S, Hejazi S A, et al. Relay Selection Strategies for Single - Carrier Frequency - Domain Equalization Multi - Relay Cooperative Networks [J]. IEEE Transactions on Wireless Communications, 2013, 12 (5): 2034 - 2045.

[49] Zou Y, Champagne B, Zhu W, et al. Relay - Selection Improves the Security - Reliability Trade - Off in Cognitive Radio Systems [J]. 2015, 63 (1): 215 - 228.

[50] Bang J, Lee J, Kim S, et al. An Efficient Relay Selection Strategy for Random Cognitive Relay Networks [J]. 2015, 14 (3): 1555 - 1566.

[51] Nishiyama H, Ito M, Kato N. Relay - by - Smartphone: Realizing Multihop Device - to - device Communications [J]. IEEE Communications Magazine, 2014, 52 (4): 56 - 65.

[52] Doppler K, Rinne M P, Janis P, et al. Device - to - device Communications: Functional Prospects for LTE - Advanced Networks [C]. IEEE International Conference on Communications Workshops (ICC Workshops 2009), 2009.

[53] Wang K, Chen L, Lu Q. Opportunistic Spectrum Access by Exploiting Primary User Feedbacks in Underlay Cognitive Radio System: An Optimality Analysis [J]. IEEE Journal of Selected Topics in Signal Processing, 2013,

7 (5): 869 -882.

[54] Chen Z, Kountouris M. Distributed SIR—Aware Opportunistic Access Control for D2D Underlaid Cellular Networks [C]. IEEE Global Telecommunications Conference, (GLOBECOM 2014), Austin, TX, USA, 2014.

[55] Xiao Y, Chen K, Yuen C, et al. Spectrum Sharing for Device - to - Device Communications in Cellular Networks: A Game Theoretic Approach [C]. IEEE Dynamic Spectrum Access Networks (DYSPAN 2014), McLean, 2014: 60 -71.

[56] Deng T, Wang X, Jiang W. ARandom Access Scheme based on Device - to - device Communications for Machine—Type Communications [C]. IEEE International Conference Communication Technology (ICCT 2013), Guilin, China, 2013: 573 -577.

[57] Lin X, Andrews J G, Ghosh A. Spectrum Sharing for Device - to - Device Communication in Cellular Networks [J]. IEEE Transaction on Wireless Communications, 2013, 13 (12): 6727 -6740.

[58] Ostrowski D. Artificial Intelligence with Big Data. 2018 First International Conference on Artificial Intelligence for Industries (AI4I) [M]. Laguna Hills, CA, USA, 2018: 125 -126.

[59] Ghadirzadeh A, Chen X, Yin W, et al. Human - Centered Collaborative Robots With Deep Reinforcement Learning [J]. IEEE Robotics and Automation Letters, 2021, 6 (2): 566 -571.

[60] Jeerige A, Bein D, Verma A. Comparison of Deep Reinforcement Learning Approaches for Intelligent Game Playing [C]. 2019 IEEE 9th Annual Computing and Communication Workshop and Conference (CCWC), 2019: 0366 -0371.

[61] Luong N C, et al. Applications of Deep Reinforcement Learning in Communications and Networking: A Survey. [R/OL]. 2018. https://arxiv.org/abs/1810.07862.

[62] Li H. Multiagent Q - learning for Aloha - like Spectrum Access in Cognitive Radio Systems [J]. Eurasip J. Wireless Commun. Netw., 2010.

[63] Chu Y, Mitchell P D, Grace D. ALOHA and Q - learning based Medium Access Control for Wireless Sensor Networks [J]. in Proc. Int. Symp. Wireless Commun. Syst. (ISWCS), 2012: 511 -515.

[64] Naparstek O Cohen K. Deep Multi - user Reinforcement Learning for Distributed

Dynamic Spectrum Access [J]. IEEE Trans. Wireless Commun. 2019, 18 (1): 310 - 323.

[65] Wang S, Liu H, Gomes P H, et al. Deep Reinforcement Learning for Dynamic Multichannel Access in Wireless Networks [J]. IEEE Trans. Cogn. Commun. Netw., 2018, 4 (2): 257 - 265.

[66] Yu Y, Wang T, Liew S C. Deep - reinforcement Learning Multiple Access for Heterogeneous Wireless Networks [J]. IEEE J. Sel. Areas Commun., 2019, 37 (6): 1277 - 1290.

[67] Janiar S B, Pourahmadi V. Deep - Reinforcement Learning for Fair Distributed Dynamic Spectrum Access in Wireless Networks [C]. 2021 IEEE 18th Annual Consumer Communications & Networking Conference (CCNC), 2021: 1 - 4.

[68] Kai Y, Wang J, Zhu H, et al. Resource Allocation and Performance Analysis of Cellular - assisted Ofdma Device - to - device Communications [J]. IEEE Trans. Wireless Commun, 2019, 18 (1): 416 - 431.

[69] Zia K, Javed N, Sial M N, et al. A Distributed Multi - agent RL - based Autonomous Spectrum Allocation Scheme in D2D Enabled Multi - tier HetNets [J]. IEEE Access, 2019, 7: 6733 - 6745.

[70] Li Z Guo C. Multi - agent Deep Reinforcement Learning based Spectrum Allocation for D2D Underlay Communications [J]. IEEE Trans. Veh. Technol., 2020, 69 (2): 1828 - 1840.

[71] Botsov M, Klügel M, Kellerer W, et al. Location Dependent Resource Allocation for Mobile Device - to - Device Communications [J]. Proc. IEEE WCNC, 2014: 1679 - 1684.

[72] Sun W, Ström E G, Brännström F, et al. Radio Resource Management for D2D - based V2V Communication [J]. IEEE Trans. Veh. Technol., 2016, 65 (8): 6636 - 6650.

[73] Sun W, Yuan D, Ström E G, et al. Cluster - based Radio Resource Management for D2D - Supported Safety - Critical V2X Communications [J]. IEEE Trans. Wireless Commun., 2016, 15 (4): 2756 - 2769.

[74] Liang L, Kim J, Jha S C, et al. Spectrum and Power Allocation for Vehicular Communications with Delayed CSI Feedback [J]. IEEE Wireless Commun. Lett., 2017, 6 (4): 458 - 461.

[75] Peng M, Li Y, Quek T Q S, et al. Device - to - Device Underlaid Cellular

Networks under Rician Fading Channels [J]. IEEE Trans. Wireless Commun., 2014, 13 (8): 4247 -4259.

[76] Kim J, Lee J, Moon S, et al. A Position - based Resource Allocation Scheme for V2V Communication [J]. Wireless Personal Communications, Springer US, 2017: 1 -18.

[77] Han C, Dianati M, Cao Y, et al. Adaptive Network Segmentation and Channel Allocation in Large - Scale V2X Communication Networks[J]. IEEE Trans. Commun., 2019, 67 (1): 405 -416.

[78] Abdallah A, Mansour M M, Chehab A. Power Control and Channel Allocation for D2D Underlaid Cellular Networks[J]. IEEE Trans. Commun., 2018, 66 (7): 3217 -3234.

[79] Jiang W, Feng G, Qin S, et al. Multi - Agent Reinforcement Learning for Efficient Content Caching in Mobile D2D Networks [J]. IEEE Trans. Wireless Commun., 2019, 18 (3): 1610 -1622.

[80] Wang L, Ye H, Liang L, et al. Learn to Compress CSI and Allocate Resources in Vehicular Networks[J]. IEEE Trans. Commun., 2020, 68 (6): 3640 -3653.

[81] Meng F, Chen P, Wu L. Power Allocation in Multi - User Cellular Networks with Deep Q Learning Approach [C]. in ICC 2019 - 2019 IEEE International Conference on Communications (ICC), 2019: 1 -6.

[82] Meng F, Chen P, Wu L, et al. Power Allocation in Multi - User Cellular Networks: Deep Reinforcement Learning Approaches [J]. IEEE Trans. Wireless Commun., 2020, 19 (10): 6255 -6267.

[83] Zhao D, Qin H, Song B, et al. A Reinforcement Learning Method for Joint Mode Selection and Power Adaptation in the V2V Communication Network in 5G[J]. IEEE Trans. Cogn. Commun., 2020, 6 (2): 452 -463.

[84] Wang L, Tang H, Wu H, et al. Resource Allocation for D2D Communications Underlay in Rayleigh Fading Channels[J]. IEEE Trans. Veh. Technol., 2017, 66 (2): 1159 -1170.

[85] Nguyen H H, Hasegawa M, Hwang W J. Distributed Resource Allocation for D2D Communications Underlay Cellular Networks [J]. IEEE Commun. Lett., 2016, 20 (5): 942 -945.

[86] Yang Y, Gao Z, Ma Y, et al. Machine Learning Enabling Analog Beam Selection for Concurrent Transmissions in Millimeter - Wave V2V Communications

[J]. IEEE Transactions on Vehicular Technology, 2020, 69 (8): 9185 - 9189.

[87] Sutton R S, Barto A G. Reinforcement Learning: An Introduction [M]. Cambridge, MA, USA: The MIT Press, 2018.

[88] Mousavi S, Schukat S, et al. Deep Reinforcement Learning: An Overview [J]. In Lecture Notes in Networks and Systems, 2018, 16: 426 - 440.

[89] Lu L, Li G Y, Swindlehurst A L, et al. An Overview of Massive MIMO: Benefits and Challenges [J]. IEEE Journal of Selected Topics in Signal Processing, 2014, 8 (5): 742 - 758.

[90] Wen C, Shih W, Jin S. Deep Learning for Massive MIMO CSI Feedback [J]. IEEE Wireless Communications Letters, 2018, 7 (5): 748 - 751.

[91] Guo J, Wen C, Jin S, et al. Convolutional Neural Network based Multiple - rate Compressive Sensing for Massive MIMO CSI Feedback: Design, Simulation, and Analysis [J]. IEEE Transactions on Wireless Communications, 2020, 19 (4): 2827 - 2840.

[92] Wang T, Wen C, Jin S, et al. Deep Learning - based CSI Feedback Approach for Time - Varying Massive MIMO Channels [J]. IEEE Wireless Communications Letters, 2019, 8 (2): 416 - 419.

[93] Cai Q, Dong C, Niu K. Attention Model for Massive MIMO CSI Compression Feedback and Recovery [C]. 2019 IEEE Wireless Communications and Networking Conference (WCNC), 2019: 1 - 5.

[94] Hochreiter S, Schmidhuber J. Long Short - term Memory [J]. Neural Computation, 1997, 9 (8): 1735 - 1780.

[95] Yu X, Li X, Wu H, et al. DS - NLCsiNet: Exploiting Non - local Neural Networks for Massive MIMO CSI Feedback [J]. IEEE Communications Letters, 2020, 24 (12): 2790 - 2794.

[96] Lu C, Xu W, Jin S, et al. Bit - Level Optimized Neural Network for Multi - Antenna Channel Quantization [J]. IEEE Wireless Communications Letters, 2020, 9 (1): 87 - 90.

[97] Lu Z, Wang J, Song J. Binary Neural Network Aided CSI Feedback in Massive MIMO System [J]. IEEE Wireless Communications Letters, 2021, 10 (6): 1305 - 1308.

[98] Lu C, Xu W, Shen H, et al. MIMO Channel Information Feedback Using Deep Recurrent Network [J]. IEEE Communications Letters, 2019, 23

(1): 188 - 191.

[99] Lu Z, Wang J. Multi - resolution CSI Feedback with Deep Learning in Massive MIMO System [C]. ICC 2020 - 2020 IEEE International Conference on Communications (ICC), 2020: 1 - 6.

[100] Cao Z, Shit W, Guo G. Lightweight Convolutional Neural Networks for CSI Feedback in Massive MIMO [J]. IEEE Communications Letters, 2021, 25 (8): 2624 - 2628.

[101] Ding X, Gou Y, Ding G, et al. ACNet: Strengthening the Kernel Skeletons for Powerful CNN via Asymmetric Convolution Blocks [C]. 2019 IEEE/CVF International Conference on Computer Vision (ICCV), 2019: 1911 - 1920.

[102] Andrew G, Zhu M, Chen B, et al. MobileNets: Efficient Convolutional Neural Networks for Mobile Vision Applications [EB/OL]. https: //arxiv. org/pdf/1704. 04861. pdf, 2017 - 4 - 17.

[103] Liu L, Oestges C, Poutanen J, et al. The COST 2100 MIMO Channel Model [J]. IEEE Transactions on Wireless Communications, 2012, 19 (6): 92 - 99.

[104] Liu S, Liu L, Tang J, et al. Edge Computing for Autonomous Driving: Opportunities and Challenges[J]. Proc. IEEE, 2019, 107 (8): 1697 - 1716.

[105] Coll - Perales B, Gozalvez J, Gruteser M. Sub - 6 GHz Assisted MAC for Millimeter Wave Vehicular Communications[J]. IEEE Commun. Mag., 2019, 57 (3): 125 - 131.

[106] Zhou P, Fang X, Fang Y, et al. Beam Management and Self - healing for mmWave UAV Mesh Networks[J]. IEEE Trans. Veh. Technol., 2019, 68 (2): 1718 - 1732.

[107] Guo R, Cai Y, Zhao M, et al. Joint design of Beam Selection and Precoding Matrices for mmWave MU - MIMO Systems Relying on Lens Antenna Arrays [J]. IEEE J. Sel. Topics Signal Process., 2018, 12 (2): 313 - 325.

[108] Zhou P, Fang X, Wang X, et al. Multi - beam Transmission and Dual - band Cooperation for Control/Data Plane Decoupled WLANs[J]. IEEE Trans. Veh. Technol., 2019, 68 (10): 9806 - 9819.

[109] Fadlullah Z, et al. State - of - the - art deep learning: Evolving Machine Intelligence toward Tomorrow's Intelligent Network Traffic Control Systems

[J]. IEEE Commun. Surv. Tut., 2017, 19 (4): 2432-2455.

[110] Wang Y, Liu M, Yang J, et al. Data-driven Deep Learning for Automatic Modulation Recognition in Cognitive Radios [J]. IEEE Trans. Veh. Technol., 2019, 68 (4): 4074-4077.

[111] Zhou P, Fang X, Wang X, et al. Deep Learning-based Beam Management and Interference Coordination in Dense mmWave Networks [J]. IEEE Trans. Veh. Technol., 2019, 68 (1): 592-603.

[112] Sial M N, Deng Y, Ahmed J, et al. Stochastic Geometry Modeling of Cellular V2X Communication over Shared Channels [J]. IEEE Trans. Veh. Technol., 2019, 68 (12): 11 873-11 887.

[113] Wu Y, Yan L, Fang X. A Low-latency Content Dissemination Scheme for mmWave Vehicular Networks [J]. IEEE Internet Things J., 2019, 6 (5): 7921-7933.

[114] Takahashi N, Nishi T. Global Convergence of Decomposition Learning Methods for Support Vector Machines [J]. IEEE Trans. Neural Netw., 2006, 17 (6): 1362-1369.

[115] Lee J, Lim S, Andrews J G, et al. Achievable Transmission Capacity of Secondary System in Cognitive Radio Networks [C]. IEEE International Conference on Communications (ICC 2010), Cape Town, South Africa, 2010.

[116] Liu Z, Peng T, Lu Q, et al. Transmission Capacity of D2D Communication under Heterogeneous Networks with Dual Bands [C]. International ICST Conference on Cognitive Radio Oriented Wireless Networks and Communications (CROWNCOM 2012), Stockholm, 2012: 169-174.

[117] Weber S P, Andrews J G, Veciana G. Transmission Capacity of Wireless Ad Hoc Networks with Outage Constraints [J]. IEEE Transactions on Information Theory, 2010, 51 (12): 4091-4102.

[118] Yin C, Gao L, Liu T, et al. Transmission Capacity for Overlaid Wireless Ad Hoc Networks with Outage Constraints [J]. IEEE International Conference on Communications (ICC 2009), Dresden, Germany, 2009.

[119] Dhillon H S, Ganti R K, Baccelli F, et al. Modeling and Analysis of K-Tier Downlink Heterogeneous Cellular Networks [J]. IEEE Journal on Selected Areas in Communications, 2019, 30 (3): 550-560.

[120] Yu C, Doppler K, Ribeiro C B, et al. Resource Sharing Optimization for

Device – to – Device Communication Underlaying Cellular Networks [C]. IEEE Transaction on Wireless Communications, 2011, 10 (8): 2752 – 2763.

[121] Xi G, Zhang X, Qu K. On Adaptive Live Streaming in Mobile Cloud Computing Environments with D2D Cooperation [C]. International Conference on Telecommunications (ICT 2014), Lisbon, 2014.

[122] Suraweera H A, Smith P J, Surobhi N A. Exact Outage Probability of Cooperative Diversity with Opportunistic Spectrum Access [J]. IEEE International Conference on Communications Workshops (ICC 2008 workshops), Beijing, China, 2008.

[123] Baccelli F. Stochastic Geometry for Wireless Networks [M]. Cambridge University Press, 2013.

[124] Baccelli F, Blaszczyszyn B, Muhlethaler P. An Aloha Protocol for Multihop Mobile Wireless Networks [J]. IEEE Transactions on Information Theory, 2006, 52 (2): 421 – 436.

[125] Wang C, Hong X, Chen H, et al. On Capacity of Cognitive Radio Networks with Average Interference Power Constraints [J]. IEEE Trans. Wireless Communications, 2009, 8 (4): 1620 – 1625.

[126] Lee S, Zhang R, Huang K. Opportunistic Wireless Energy Harvesting in Cognitive Radio Networks [J]. IEEE Trans. Wireless Commun., 2013, 12 (9): 4788 – 4799.

[127] Xie S, Liu Y, Zhang Y, et al. A Parallel Cooperative Spectrum Sensing in Cognitive Radio Networks [J]. IEEE Transactions on Vehicular Technology, 2010, 59 (8): 4079 – 4092.

[128] Lambert *W* Function [R/OL]. http://en.wikipedia.org/wiki/Lambert_W_function

[129] Ma C, Liu J, Tian X, et al. Interference Exploitation in D2D – Enabled Cellular Networks: A Secrecy Perspective [J]. IEEE Transactions on Communications, 63 (1): 229 – 242.

[130] Yin R, Yu G, Zhang H, et al. Pricing – based Interference Coordination for D2D Communications in Cellular Networks [J]. IEEE Transactions on Wireless Communications, 2015, 14 (3): 1519 – 1532.

[131] Sheng M, Liu J, Wang X. On Transmission Capacity Region of D2D Integrated Cellular Networks With Interference Management [J]. IEEE

Transactions on Communications, 2015, 63 (4): 1383 - 1399.

[132] Molina - Masegosa R, Gozalvez J. LTE - V for Sidelink 5G V2X Vehicular Communications: A new 5G Technology for Short - Range Vehicle - to - Everything Communications [J]. IEEE Veh. Technol. Mag., 2017, 12 (4): 30 - 39.

[133] Mnih V, et al. Human - Level Control Through Deep Reinforcement Learning [J]. Nature, 2015, 518: 529 - 533.

[134] Silver D, et al. Mastering the Game of Go with Deep Neural Networks and Tree Search [J]. Nature, 2016, 529 (7589): 484 - 489.

[135] He Y, Yu F R, Zhao N, et al. Secure Social Networks in 5G Systems with Mobile Edge Computing, Caching, and Device - to - device Communications [J]. IEEE Wireless Commun., 2018, 25 (3): 103 - 109.

[136] Mao H, Alizadeh M, Menache I, et al. Resource Management with Deep Reinforcement Learning [J]. in Proc. ACM Workshop Hot Topics Netw. (HotNets), 2016: 50 - 56.